U0800868

# 清新素食，好吃不怕胖

陈绪荣◎主编

黑龙江科学技术出版社
HEILONGJIANG SCIENCE AND TECHNOLOGY PRESS

**图书在版编目（CIP）数据**

清新素食，好吃不怕胖 / 陈绪荣主编 . -- 哈尔滨：黑龙江科学技术出版社，2016.10（2025.8 重印）

ISBN 978-7-5388-8937-6

Ⅰ . ①清… Ⅱ . ①陈… Ⅲ . ①素菜—菜谱 Ⅳ . ① TS972.123

中国版本图书馆 CIP 数据核字 (2016) 第 206295 号

# 清新素食，好吃不怕胖

QINGXIN SUSHI，HAOCHI BUPA PANG

**主　　编**　陈绪荣
**责任编辑**　杨广斌
**摄影摄像**　深圳市金版文化发展股份有限公司
**策　　划**　深圳市金版文化发展股份有限公司
**出　　版**　黑龙江科学技术出版社
地址：哈尔滨市南岗区公安街 70-2 号　邮编：150007
电话：（0451）53642106　传真：（0451）53642143
网址：www.lkcbs.cn
**发　　行**　全国新华书店
**印　　刷**　小森印刷霸州有限公司
**开　　本**　723 mm × 1020 mm　1/16
**印　　张**　10.5
**字　　数**　150 千字
**版　　次**　2016 年 10 月第 1 版
**印　　次**　2025 年 8 月第 2 次印刷
**书　　号**　ISBN 978-7-5388-8937-6
**定　　价**　50.00 元

# 茹素是一种生活态度

Preface

前言

曾经听说过这样一句话："因为一个人，恋上一座城。"

其实，也可能是因为一个人，恋上一首歌，恋上一出戏，抑或是简单地恋上一种味道，炒、蒸、炖、煮，或荤或素，千变万化，始终不离的还是那种老味道。

老味厨房系列图书旨在重现这种舌尖的老味道，让这种味道温暖每一个人。本套图书包括《清新素食，好吃不怕胖》《原味清蒸，好吃又营养》《多味小炒，好吃不停筷》《营养炖煮，好吃又健康》四本。作者凭借大量精美的图片，以及简明的制作步骤，教您如何在厨房的小小天地中找寻记忆深处的美味，并学会炒制美味佳肴。

也许，您是一位刚刚步入社会的职场新人，脱离了妈妈的怀抱，正自由兴奋地开始新的生活，但是面对冰箱里的各种食材，却不知道该怎么下手，甚至烦恼地想着，是否该给妈妈打个电话，问问她该做什么。那么，请您翻开这套书，肯定会给您妈妈般的贴心指导。

也许，您是一位单身男士，那么，请您翻开这套书，做一顿既不费时又健康美味的晚餐，或许这顿美餐瞬间就可以治愈您的心。或者，当您为心中的她奉上自己亲手制作的烛

# Preface

光晚餐的时候，您与她心目中的暖男可能就只有一线之隔。

也许，您是一位幸福人妻，有了自己的小家，有了属于自己的小厨房，正幻想着用自己的双手魔术般地变出吸引人的美味佳肴。翻开这套书，您就可以从一个完全不会烹饪，每次下厨总是手忙脚乱的烹饪新手，变成“上得厅堂下得厨房”的烹饪达人。

也许，您是一位新手妈妈或者新手爸爸，心里总是抱着希望宝宝健康成长的愿望。那么，杜绝外食，烹饪出色香味俱全并能引起孩子食欲的美味食物，就显得尤其重要。翻开这套书，蒸、炖、炒，荤素菜品应有尽有，相信一定可以满足各位爸爸妈妈的需求。

也许，某一天，你吃惯了大鱼大肉，也想换换口味，给自己清清肠，来一顿色香味俱全的素食。那么，你就可以翻开《清新素食，好吃不怕胖》这本书，过一种全新的素食生活了。

书中有健康的蔬果轻食、念念不忘的家常素菜、吃不腻的素饭面和汤、中西风味小吃点心以及常备腌渍小素菜，花样繁多，不仅能果腹，还能满足你对味道的想象，对新奇的追求，让它带你在日常的柴米油盐中感受不一样的清新舒爽好滋味吧！

CONTENTS

# 目录

CHAPTER 01

## 你今天吃素了吗



CHAPTER 02

## 健康的蔬果轻食

CONTENTS

# 目录



CHAPTER

03

## 念念不忘的家常素菜

CONTENTS

# 目录

CHAPTER

04

## 吃不腻的素饭面和汤



CHAPTER

05

## 中西风味小吃点心

CONTENTS

# 目录



CHAPTER 06

## 常备腌渍小素菜

CHAPTER

# 01 你今天吃素了吗

或许你已经注意到了，
越来越多的人开始倾向素食，
一股多吃蔬菜、水果，少吃肉的“素食潮”正在兴起。
实践证明，适当地吃点素菜，
能让你体态轻盈、肌肤白皙、心境平和。

# 为什么要吃素？

科学研究发现，素食能为身体带来健康，而过量的鱼、肉等荤食会导致慢性病发生；食用植物性食物加上积极、健康的生活方式不仅能维持健康体重，还能让人长得更加强壮高大。可以肯定的是，食素的好处极多，不一而足，主要有以下几点。

## 食素可减轻身体负担

素食中的膳食纤维可促进肠道的蠕动，帮助排出体内的激素和废物，减轻身体负担，素食更易于消化吸收，可让消化系统得到适当的休息。

## 食素可减少肾脏负担

肉类通常富含蛋白质，蛋白质的代谢废物需要通过肾脏排出体外，过量食用肉类，就会加重肾脏的负担。素食者避开了肉食，从而减轻了肾脏的负担。

## 食素可保持体重

素食者较肉食者体重轻，能够较长时间保持均衡的体重。这是因为肉类比植物性食物含有更多的脂肪，能使摄入者体重上升，身体逐渐“发福”。新鲜的水果、蔬菜含有多种丰富的维生素，能提供给人体需要的营养成分，还能帮助身体清除垃圾，排出身体毒素，控制体重。

## 食素可减少寄生虫感染

食素可以减少寄生虫疾病的感染和发生。寄生虫容易寄住在肉类食品上，如绦虫及其他几种寄生虫，都是经由受感染的肉类而寄生到人体内的。虽用70℃的水就能烫死，但虫卵却不好对付，至少要100℃的水才能杀灭。

## 食素可降低胆固醇含量

素食者血液中所含的胆固醇比肉食者少得多。血液中胆固醇含量如果太高，则往往会造成血管阻塞，成为高血压、心脏病等病症的主因。

## 食素能让人心平气和

食素能令人心平气和、头脑清醒。人在食用肉类时，也把动物体内的激素一同吃进腹中，使人容易暴躁发脾气。反之，素食者大都做事态度温和，时常保持心平气和。

# 素食构成以及食用量

吃素并不是只吃蔬菜和水果那么简单，除了这些食材外，还需要摄入一些其他的食材才能为身体提供充足的营养。同时，在食物的摄入量方面，也需要进行合理的搭配和组合。

## 素食者的食物构成

吃素者的食物一般以水果和蔬菜为主，它占了饮食的40%。最好选择有机的蔬果，可以生吃的水果生吃，营养会得到更好的保留。

富含淀粉的食品（如米面）不超过饮食的30%，要注意精粮和粗粮搭配食用。而豆制品则不要超过饮食总量的20%。

像植物油、坚果等富含脂肪的食物，最多占饮食的10%，同时每天饮用8~10杯水，大概2000毫升。

## 每日食用量

| | |
|---|---|
| **主食** | 每天最好摄入一个拳头大小的谷物，加上一个拳头大小的薯类。其中粗粮最好占主食总量的1/3 |
| **蔬菜** | 每天应该吃一个拳头大小的块茎类蔬菜，加上一把茎叶类蔬菜，总量约500克。并且，蔬菜的颜色最好多样化 |
| **水果** | 每天应该吃的水果量为400克左右，也就是一捧浆果的量，或者两个苹果的重量 |
| **坚果** | 坚果热量较高，每天的摄入量最好不要超过35克，大约一个掌心大小 |
| **巧克力等甜食** | 每天摄入不要超过20克（约一根食指大小） |

# 让素食更时尚的花样切法

素食也可以制作得很时尚，很漂亮。像黄瓜的别样造型，莲藕的锯齿切法，或者是猕猴桃开花……都能让素食别具风采。下面我们就传授一下让素食锦上添花的秘诀——食材的花样切法，简单又有趣。

## 蓑衣黄瓜

取一截洗净的黄瓜段，用刀垂直切，但不要切断，直到切完整段黄瓜，将黄瓜反过来放好，按刚才的方法切，也不要切断，再将切好的黄瓜用手轻轻拉开，摆盘即可。

## 花形猕猴桃

取一个洗净去皮的猕猴桃，两端修平整。用刻刀横向在中间刻花形。一边旋转猕猴桃一边刻花纹。进刀要深，切入果核部分。花纹要环绕猕猴桃一圈，用手轻轻一掰即可。

## 花形苹果

取半个洗净的苹果，将果肩处切除，再切除果脐部分，去除果核， 将中间碎散果肉彻底清除。沿着苹果的边缘斜切一条刀口，进刀2～3厘米，在刀口旁边再切一条刀口，与之对应，挖去中间的果肉，在苹果表面刻满凹形花纹，切成花边片即可。

## 锯齿莲藕

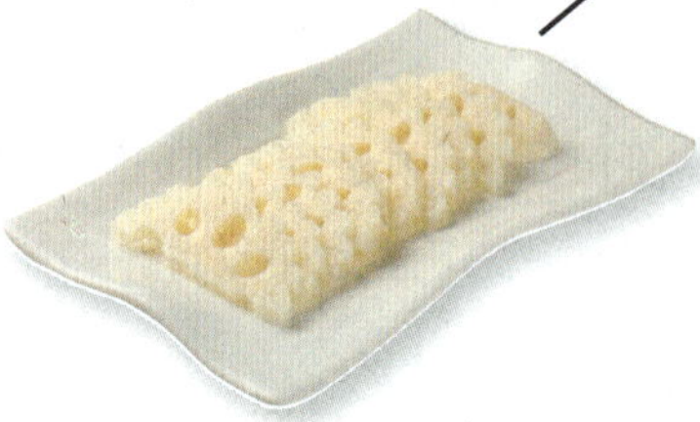

将莲藕切成合适的段，再竖放，从中间一分为二。把莲藕平放，在莲藕的边缘先切一条小口。将刀反过来，再切一刀，与刚才的刀口相对，使两个刀痕会合，去除切出来的小条。与第一道小口间隔一定距离，用此方法再开几个切口，直到将整个莲藕段都切成锯齿状，再切成片即可。

## 蝴蝶冬瓜片

冬瓜切大块，去瓤，竖立，斜刀在中间切1厘米深，再从另一边切入，切出一个小三角块。用同样的方法在同一面的两边各切两刀。将切出的块去除。翻转冬瓜块，在底部用上述方法切除两个三角块。在冬瓜块的两个侧面切除一个三角块，再切片即可。

## 格子芒果

取一个洗净的芒果，纵向切开成两半，取其中的一半，打一字刀刀纹，切至底部。在整块芒果肉上依次均匀地打一字刀刀纹，切至底部，转一个角度，在一字刀上面再切一字刀，成格子纹，在整块芒果肉上打格子纹，手指将格子状的芒果肉顶一下，令其鼓起来即成。

## 五角星形杨桃

取一个洗净的杨桃，将果蒂和果脐部分切除。用刀削掉杨桃的硬边。将杨桃切成大小均匀的五星片即可。

## 丝带柠檬

取半个洗净的柠檬，切成薄片，用刀对半切柠檬片，一端不要切断，用手拿住柠檬的两边，反方向扭转成丝带状即可。

# 吃素之“你问我答”

随着人们健康意识的提高，提倡素食的人越来越多了。有的人为了健康，有的人为了时尚，有的人为了环保……食素俨然成为一种需求，成为一种习惯，但在食素的过程中，人们也会遇到很多问题。

**问题1：只吃水果可以保持身体健康吗?**

很多素食爱好者除每天三餐之外，还要吃不少水果，结果却没有给他们带来苗条身材。这是因为水果中含有8%以上的糖分，能量不可忽视。如果吃半斤以上的水果，就应当相应减少正餐或主食的量，以达到一天当中的能量平衡。

**问题2：素食要不要以生冷食物为主?**

一些素食者热衷于以凉拌或沙拉的形式生吃蔬菜，认为这样才能充分发挥其营养价值。实际上，蔬菜中的很多营养成分需要添加油脂才能被很好地吸收，如维生素K、胡萝卜素、番茄红素都属于烹调后更易吸收的营养物质。

**问题3：只吃几种“减肥蔬菜”是否正确？**

蔬菜不仅要为素食者供应维生素C和胡萝卜素，还要在铁、钙、叶酸、维生素$B_2$等方面有所贡献。所以，应尽量选择绿叶蔬菜，如芥蓝、西蓝花、苋菜、菠菜、油菜、茼蒿等。为了保证蛋白质的供应，菇类和鲜豆类如各种蘑菇、毛豆、鲜豌豆等都是必不可少的上佳选择，否则就很难获得足够的营养物质。

CHAPTER

# 02 健康的蔬果轻食

健康蔬果巧搭配，

苗条身材吃出来。

来一场素食蔬果轻食革命，

感受另一种只有满足而没有负担的美食体验。

# 凉拌芝麻菜

2 min

〈材 料〉 芝麻菜60克

〈调 料〉 盐2克，白醋、橄榄油各适量

/ 做法 /

1 芝麻菜用适量的清水洗净，捞出，沥干水分，备用。
2 取一洗净的盘，将沥干水分的芝麻菜装入盘中。
3 加入适量橄榄油，调入少许盐，淋入适量的白醋，用筷子搅拌一会儿，至食材入味。
4 食用时，还可以根据个人喜好加入其他调料。

# 凉拌海草

5 min

/ 做法 /

〈材 料〉 水发海带50克，水发裙带菜50克

〈调 料〉 陈醋适量

1 将水发海带洗净，切成丝状，倒入沸水锅中焯煮片刻，捞出备用。

2 将水发裙带菜洗净，切成丝状，倒入沸水锅中焯煮片刻，捞出。

3 取一碗，将切好的海带丝和裙带菜丝倒入其中，淋上适量的陈醋汁，搅拌均匀即可。

养生小讲堂

海带中含有大量的甘露醇，而甘露醇具有利尿消肿的作用，可预防水肿。

# 凉拌嫩芹菜 5 min

〈材 料〉 芹菜80克，胡萝卜30克，蒜末、葱花各少许

〈调 料〉 盐3克，鸡粉少许，芝麻油5毫升，食用油适量

/ 做法 /

1 洗好的芹菜切成小段。
2 去皮洗净的胡萝卜切丝。
3 锅中注水烧开，放入食用油、盐、胡萝卜丝、芹菜段，续煮约1分钟，捞出，沥干水分。
4 将沥干水的食材放入碗中，加入盐、鸡粉、蒜末、葱花、芝麻油，拌约1分钟至食材入味即可。

## 醋香胡萝卜丝 5 min

〈材 料〉胡萝卜240克，包菜70克，熟白芝麻少许

〈调 料〉亚麻籽油适量，盐2克，鸡粉2克，白糖3克，生抽3毫升，陈醋3毫升

/ 做法 /

1 洗净的包菜切丝；洗净的胡萝卜切片，改切丝，备用。
2 锅中注适量清水烧开，放适量盐、亚麻籽油。
3 倒入胡萝卜丝，加入包菜丝，搅拌，煮约半分钟至熟，捞出，沥干水分。
4 把胡萝卜丝和包菜丝装入碗中，放盐、鸡粉、白糖、生抽、陈醋、亚麻籽油，拌匀装盘，撒上熟白芝麻即可。

## 玉米拌洋葱 5 min

〈材 料〉玉米粒75克，洋葱条90克

〈调 料〉盐2克，白糖少许，生抽4毫升，芝麻油适量

/ 做法 /

1 锅中注入适量清水烧开，倒入洗净的玉米粒，略煮一会儿，放入洋葱条，搅匀。
2 再煮一小会儿，至食材断生后捞出，沥干水分，待用。
3 取一大碗，倒入焯过水的食材，放入生抽、盐、白糖，淋入芝麻油，拌至入味，摆好盘即成。

# 甜玉米西红柿沙拉

6 min

1

2

3

4

〈材 料〉 甜玉米100克，西红柿50克，青椒20克，红椒20克，黄瓜60克，胡萝卜90克，小白菜叶适量

〈调 料〉 橄榄油、柠檬汁、盐、苹果醋各适量

## / 做法 /

1 将甜玉米洗净，剥出玉米粒，放入锅中，注水煮熟，捞出，过一遍凉水。

2 西红柿洗净，切瓣；黄瓜、胡萝卜洗净，切丁；青椒、红椒洗净，切丁；小白菜叶洗净。

3 将以上食材装入碗中，加入适量橄榄油、柠檬汁、盐、苹果醋，拌匀。

4 最后以小白菜叶装饰即可。

### 养生小讲堂

玉米能降低血脂，对于高血脂、动脉硬化、心脏病的患者有助益，并可延缓人体衰老，预防脑功能退化，增强记忆力。

# 甜菜沙拉

5 min

〈材 料〉 甜菜1颗，百里香少许

〈调 料〉 白葡萄酒醋15毫升，白糖少许

**/ 做法 /**

1 甜菜和百里香分别用清水洗净。

2 锅中注入适量清水，用大火烧开，将洗净的甜菜放入锅中，大火煮3分钟，至甜菜熟透，捞出，沥干水分，备用。

3 擦干甜菜表面的水分，用刀削掉表皮，再切成厚片。

4 将甜菜片放入碗中，淋入适量白葡萄酒醋。

5 再加入少许白糖，搅拌至白糖溶化，撒上百里香即可食用。

**养生小讲堂**

甜菜中含有丰富的膳食纤维，常吃可促进肠道循环，起到通便的作用。

# 萝卜黄瓜沙拉

3 min

〈材 料〉 樱桃萝卜、黄瓜各100克，莳萝草适量，香菜叶少许

〈调 料〉 橄榄油少许，黑胡椒碎适量，沙拉酱适量，白醋少许，盐适量

/ 做法 /

1 将樱桃萝卜洗净，切成薄片，再对半切开；香菜叶洗净。

2 将黄瓜洗净，切成薄片，再对半切开。

3 将莳萝草洗净切成末待用。

4 将萝卜片、黄瓜片与莳萝草装入碗中，加入黑胡椒碎、盐、白醋、沙拉酱，拌匀。

5 加入橄榄油拌匀，放上香菜叶装饰即可食用。

## 养生小讲堂

樱桃萝卜能诱导人体自身产生干扰素，增加机体免疫力，并能抑制癌细胞的生长，对防癌、抗癌有重要作用。

# 无花果紫薯沙拉

6 min

〈材 料〉 无花果、紫薯各50克，蛋挞皮2个，独行菜10克

/ 做法 /

1 无花果洗净，切瓣。
2 紫薯用清水洗净，削去皮，再切块，待用。
3 锅中注入适量清水，用大火烧开，再倒入紫薯块，煮至熟，捞出，待用。
4 独行菜用清水洗净。
5 将无花果瓣、紫薯块、独行菜放入蛋挞皮中即可。

\养生小讲堂/

无花果含有苹果酸、柠檬酸、脂肪酶、蛋白酶、水解酶等，能促进消化，增进食欲。

# 橙子甜菜根沙拉

8 min

〈材 料〉 橙子100克，甜菜根60克，生菜50克，葱花少许

〈调 料〉 盐2克，油醋汁8毫升

/ 做法 /

1 洗净的生菜切丝；洗净去皮的甜菜根切片。
2 橙子削去皮，切成薄片。
3 锅中注水烧开，倒入切好的甜菜根片，煮至断生，捞出即可。
4 取一碗，倒入盐、油醋汁，搅拌匀，制成调味汁。
5 将生菜铺在盘底；将甜菜根片和橙子摆入盘中，浇上调味汁，撒上葱花即可。

养生小讲堂

橙子含有纤维素和果胶物质。纤维素可促进肠道蠕动，有利于清肠通便，排出有害物质。

# 圣女果芦笋沙拉

5 min

〈材 料〉 芦笋200克，圣女果200克，菠菜叶100克，洋葱100克

〈调 料〉 盐、白醋、橄榄油各适量

**/ 做法 /**

1 将圣女果洗净，对半切成瓣，洋葱洗净切丝。
2 将芦笋洗净，切段；菠菜叶洗净备用。
3 锅中注水烧开，放入芦笋段、菠菜叶，加适量盐烫片刻捞出，与圣女果瓣、洋葱丝一起放入碗中。
4 白醋加适量橄榄油搅匀制成调味汁，放入装有食材的大碗中，拌匀即成。

1

2

3

4

**养生小讲堂**

芦笋中含有丰富的抗癌元素——硒，能阻止癌细胞分裂与生长，几乎对所有的癌症都有一定的食疗功效。

# 清爽西柚沙拉

2 min

〈材 料〉 西柚150克

〈调 料〉 黑胡椒粉少许，白糖适量

**/ 做法 /**

1 西柚洗净，对半切开，挖出果肉，果皮作为盅，备用。
2 将掏出的西柚果肉切小块。
3 再将切好的果肉装入掏空的西柚壳里，待用。
4 撒上少许黑胡椒粉。
5 最后放上适量白糖，搅拌均匀即可食用。

**养生小讲堂**

西柚含有生理活性物质皮苷，可降低血液的黏滞度，减少血栓形成，对脑血管疾病如脑血栓、中风等有较好预防作用。

# 草莓橙子杯

4 min

〈材 料〉 橙子2个，草莓100克，石榴果粒适量

〈调 料〉 蜂蜜适量

## 做法

1 将橙子、草莓用清水洗净。
2 取出橙子，用刀对半横切开。
3 两半橙子均沿着果皮内侧，将果肉部分挖取出来，切成小瓣，放入盘中。
4 将掏空的橙子洗净，沥干水分，待用。
5 草莓均对半切开，改切成块，与石榴果粒一起放入盘中。
6 盘中淋入适量蜂蜜，拌匀后倒入掏空的橙子中即可。

养生小讲堂

草莓中所含的胡萝卜素是合成维生素A的重要物质，具有明目养肝的作用。

老味厨房

养生小讲堂

适量多吃提子，能阻止血栓形成，降低人体血清胆固醇水平，对预防心脑血管病有一定作用。

# 红莓苹果杯

6 min

〈材 料〉 苹果2个，提子50克，红莓80克，桑葚80克

/ 做法 /

1 将苹果、提子、红莓、桑葚分别用清水洗净。

2 取出苹果，用刀从上面1/4 的地方横切开。

3 苹果底部周围留下1厘米厚度，其余的部分用刀掏空。

4 将掏空的苹果洗净，沥干水分，待用。

5 将苹果带蒂的部分雕出花形，作为盖子。

6 将提子、红莓、桑葚放入掏空的苹果内，盖上盖子即可。

# 四色水果沙拉

3 min

〈材 料〉 苹果、芒果、火龙果、青枣各50克，薄荷叶少许

〈调 料〉 沙拉酱适量

## 做法

1 苹果洗净，切块。
2 芒果洗净，取果肉切小块。
3 火龙果去皮，果肉切块。
4 青枣洗净去核，切块；薄荷叶洗净，备用。
5 将苹果、火龙果、青枣、芒果块用竹签穿起，食用时淋上沙拉酱，用薄荷叶点缀即可。

### 养生小讲堂

苹果中含有果胶，能抑制肠道不正常的蠕动，使消化活动减慢，从而抑制轻度腹泻。

# 草莓香蕉沙拉

3 min

〈材 料〉 草莓、香蕉各60克，薄荷叶少许

〈调 料〉 蜂蜜10克，淡盐水适量

/ 做法 /

1 草莓用清水冲洗干净，再用淡盐水浸泡片刻，去蒂，切成片。
2 香蕉去皮，切厚片。
3 将香蕉、草莓片用竹签穿起来，制成水果串。
4 浇上适量蜂蜜，点缀上洗净的薄荷叶即可。

## 橙汁雪梨 40 min

〈材 料〉 雪梨230克，橙子180克，橙汁150毫升

〈调 料〉 白糖适量

**/ 做法 /**

1 洗净的雪梨去皮切开，去核切成片。
2 橙子洗净切瓣，用小刀将皮和瓤分离至底部相连不切断，将皮切开一片翻回来，做成兔耳状。
3 锅中注水烧开，倒入雪梨片，搅拌片刻，捞出，沥干水分，装入碗中，再倒入橙汁。
4 加白糖拌匀，浸泡40分钟；橙子瓣摆盘边，雪梨摆盘中，浇上碗中的橙汁即可。

## 仙人掌百合烧大枣 5 min

〈材 料〉 胡萝卜100克，食用仙人掌180克，鲜百合50克，大枣、姜片、葱段各少许

〈调 料〉 盐2克，芝麻油3毫升，食用油适量

**/ 做法 /**

1 去皮的胡萝卜切片；洗净去皮的仙人掌切块。
2 锅中注水烧开，倒入备好的胡萝卜片、仙人掌块、大枣、百合，搅匀，煮沸，捞出，沥干水分，备用。
3 起油锅，放入葱段、姜片，爆香，倒入焯过水的食材，炒匀。
4 放入盐，炒匀，加入芝麻油，炒匀盛出即可。

# 果味冬瓜

123 min

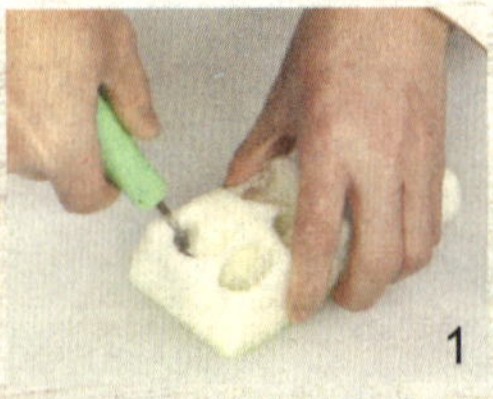
1

2

3

4

〈材 料〉 冬瓜600克，橙汁50毫升

〈调 料〉 蜂蜜15克

**/ 做法 /**

1 将去皮洗净的冬瓜去除瓜瓤，掏取果肉，制成冬瓜球，装入盘中待用。

2 锅中注入清水烧开，倒入冬瓜球，搅拌匀，用中火煮约2分钟，至其断生后捞出。

3 冬瓜球放入碗中，倒入橙汁、蜂蜜。

4 搅拌匀，静置约2小时，至其入味，盛入盘中即可食用。

**养生小讲堂**

冬瓜中所含的丙醇二酸能有效地抑制糖类转化为脂肪，加之冬瓜脂肪含量极低，热量不高，可以帮助人塑身健美。

# 椒香南瓜

22 min

〈材 料〉 南瓜350克，红椒15克，蒜末、姜末各适量，葱丝少许，高汤600毫升

〈调 料〉 盐、鸡粉各2克，水淀粉、芝麻油各适量

/ 做法 /

1 将洗净的南瓜去瓜瓤、皮，切片；洗净的红椒切成粒；盐、鸡粉、适量高汤、红椒粒、姜末、蒜末，拌匀，调成味汁。

2 取蒸盘，放入南瓜片，倒入味汁，蒸约20分钟，取出。

3 炒锅置火上，倒入余下的高汤烧热，加入盐、鸡粉、水淀粉拌匀，淋入芝麻油，拌匀，浇在蒸熟的菜肴上，撒上葱丝即可。

1

2

3

# 松仁丝瓜

5 min

〈材 料〉 松仁20克，丝瓜块90克，胡萝卜片30克，姜末、蒜末各少许

〈调 料〉 盐3克，鸡粉2克，水淀粉10毫升，食用油5毫升

养生小讲堂

丝瓜中含有的B族维生素、维生素C等成分，能防止皮肤老化，保护皮肤。

/ 做法 /

1 沸水锅中加入食用油，倒入胡萝卜片、丝瓜块，焯至断生后捞出。

2 用油起锅，倒入松仁，滑油翻炒片刻，捞出，沥干油，装入盘中。

3 锅底留油，爆香姜末、蒜末，倒入胡萝卜片、丝瓜块，加入盐、鸡粉，翻炒均匀。

4 倒入水淀粉，炒匀，将炒好的食材盛出，撒上松仁即可。

# 彩椒山药炒玉米

5 min

〈材 料〉鲜玉米粒60克，彩椒25克，圆椒20克，山药120克

〈调 料〉盐2克，白糖2克，鸡粉2克，水淀粉10毫升，食用油适量

1

2

3

4

## / 做法 /

1 洗净的彩椒、圆椒均切成块；洗净去皮的山药切成丁。

2 沸水锅中倒入备好的玉米粒、山药丁、彩椒块、圆椒块、食用油、盐，煮熟后捞出食材。

3 用油起锅，倒入焯过水的食材，炒匀。

4 加入盐、白糖、鸡粉，炒匀调味，用水淀粉勾芡即可。

### 养生小讲堂

山药含有大量维生素及微量元素，能有效阻止血脂在血管壁沉积，预防心脑血管疾病。

# 清味莴笋丝

3 min

**〈材 料〉** 莴笋340克，红椒35克，蒜末少许

**〈调 料〉** 亚麻籽油适量，盐2克，鸡粉2克，白糖2克，生抽3毫升，辣椒油3毫升

**/ 做法 /**

1 洗净去皮的莴笋切片，改切丝；洗净的红椒切开，去籽，切成丝。

2 锅中注水烧开，放适量盐、亚麻籽油、莴笋丝，拌匀，略煮，加入红椒丝，搅拌，煮约1分钟至熟，捞出沥干水分。

3 将莴笋丝和红椒丝装入碗中，加入蒜末、盐、鸡粉、白糖、生抽、辣椒油、亚麻籽油，拌匀，装盘即可。

1

2

3

# 香菇豌豆笋丁

5 min

**〈材 料〉** 水发香菇65克，竹笋85克，胡萝卜70克，彩椒15克，豌豆50克

**〈调 料〉** 盐2克，鸡粉2克，料酒、食用油各适量

**养生小讲堂**

竹笋含有蛋白质、纤维素、维生素等营养成分，可以瘦身、排毒。

**/ 做法 /**

1 将洗净的竹笋、胡萝卜切成丁；洗净的彩椒、香菇切块；豌豆洗净。
2 锅中注水烧开，放入竹笋丁、料酒，煮1分钟，放入香菇块、豌豆、胡萝卜丁，拌匀，煮1分钟。
3 加入少许食用油，拌匀，放入彩椒块，拌匀，捞出，沥干水分。
4 用油起锅，倒入焯过水的食材，炒匀，加入适量盐、鸡粉，炒匀即可。

# 枸杞春笋

5 min

〈材 料〉 春笋300克，枸杞10克，葱花少许

〈调 料〉 盐、白糖、味精各适量，水淀粉少许

**/ 做法 /**

1 将春笋洗净切细丝；枸杞洗净泡软。

2 锅中注水烧开，放入笋丝，焯水片刻捞出，沥干水分。

3 热锅注油，投入葱花煸炒，再放入笋丝、盐、白糖和少量的水烧1～2分钟，加入味精，以水淀粉勾芡，撒上枸杞即成。

# 绿豆镶莲藕

35 min

〈材 料〉 绿豆60克，莲藕2节

〈调 料〉 糖浆（或蜂蜜）适量

养生小讲堂

莲藕能散发出一种独特的清香，有开胃、养心安神的作用。

## 做法

1 绿豆淘净，以清水泡发好，沥干。

2 莲藕洗净，沥干，将绿豆塞入莲藕的孔中。

3 放入锅中，加水覆盖食材，以大火煮开后，转中火煮约30分钟，捞出。

4 待凉后切厚片，淋上糖浆（或蜂蜜），冰镇后吃更爽口。

# 蘑菇藕片

5 min

〈材 料〉 白玉菇100克，莲藕90克，彩椒80克，姜片、蒜末、葱段各少许

〈调 料〉 盐3克，鸡粉2克，料酒、生抽、白醋、水淀粉、食用油各适量

/ 做法 /

1 洗净的白玉菇切去老茎，再切成段；洗好的彩椒切成小块；洗净去皮的莲藕切成片。

2 锅中注水烧开，放入食用油、盐、白玉菇段、彩椒块，煮1分钟，捞出；放入白醋、莲藕片，煮1分钟，捞出。

3 起油锅，爆香姜片、蒜末、葱段，倒入白玉菇段、彩椒块、莲藕片，炒匀，淋入料酒，炒香。

4 放入生抽、盐、鸡粉，炒匀调味，倒入水淀粉，炒匀即可。

养生小讲堂

彩椒中的椒类碱能够促进脂肪的新陈代谢，防止体内脂肪积存，从而达到减肥防病的作用。

# 杏鲍菇炒秋葵

3 min

〈材 料〉 秋葵75克，口蘑55克，红椒15克，杏鲍菇35克，泡椒30克，姜片少许

〈调 料〉 盐3克，鸡粉2克，水淀粉、食用油各适量

/ 做法 /

1 将洗净的秋葵切块；洗好的红椒切段；洗净的口蘑切块；洗好的杏鲍菇切块。

2 沸水锅中放入口蘑块略煮，倒入杏鲍菇块、秋葵块、食用油、盐、红椒段，煮至断生后捞出。

3 用油起锅，放入姜片，爆香，倒入泡椒，炒香，放入焯过水的食材，翻炒均匀。

4 加入盐、鸡粉、水淀粉，炒入味即可食用。

养生小讲堂

秋葵含丰富的维生素C和可溶性纤维，不仅对皮肤具有保健作用，且能使皮肤美白、细嫩。

CHAPTER

# 03 念念不忘的家常素菜

家常小素菜包含着的不仅是味蕾上的美味记忆，
还有曾经的关怀和特别的爱。
如今看着那些蔬果在你的手里幻化成了一道道的美食，
相信你也可以创造出关于它们的美好回忆，
感怀一种特别的情愫。

# 荷兰豆炒彩椒

5 min

〈材 料〉 荷兰豆180克，彩椒80克，姜片、蒜末、葱段各少许

〈调 料〉 料酒3毫升，蚝油5克，盐3克，鸡粉2克，水淀粉3毫升，食用油适量

## / 做法 /

1

2

3

4

1 洗净的彩椒切成条。

2 锅中注水烧开，放入少许食用油、盐，倒入洗净的荷兰豆，煮半分钟，再放入彩椒条，搅拌匀，煮约半分钟，捞出，待用。

3 用油起锅，放入姜片、蒜末、葱段，爆香，倒入焯好的荷兰豆和彩椒条，翻炒香。

4 淋入适量料酒、蚝油，炒匀，放入适量盐、鸡粉，炒匀调味，用水淀粉勾芡即可。

### 养生小讲堂

豌豆中的B族维生素可以促进糖类和脂肪的代谢，有助于改善肌肤不良状况。

# 鲜蔬烩茄子

5 min

〈材 料〉 茄子200克，黄瓜100克，白洋葱100克，红椒、蒜末各少许

〈调 料〉 盐、鸡粉各2克，食用油适量

## 做法

1 将茄子洗净，切成丁，备用。

2 将黄瓜洗净，切丁。

3 将红椒洗净，切成块；白洋葱洗净，切成圈。

4 锅中注入适量食用油烧热，放入切好的红椒块、蒜末，大火爆香。

5 再放入切好的茄子丁、黄瓜丁、白洋葱圈，翻炒至食材熟软。

6 放入盐、鸡粉，炒匀即可。

### 养生小讲堂

茄子含有维生素E，有防止出血和抗衰老功能。常吃茄子，可降低血液中胆固醇的水平，延缓人体衰老。

# 烤蔬菜

15 min

〈材 料〉 西葫芦200克，茄子200克，红椒100克，黄椒100克，圣女果50克，洋葱50克，迷迭香、百里香少许

〈调 料〉 盐6克，橄榄油、烧烤酱各适量，黑胡椒粉少许

## / 做法 /

1 西葫芦清洗干净，纵向对半切开，改刀切成长薄片；茄子洗净，纵向切成长薄片；迷迭香、百里香洗净。

2 黄椒、红椒清洗干净，对半切开，去籽，切成长形大块；洋葱洗净，切成均匀的圆片；圣女果用流水清洗干净，沥干水分，待用。

3 将洗净切好的西葫芦片、红椒块、黄椒块、茄子片、洋葱片、圣女果摆放在烤网上，刷上一层橄榄油，加盐、烧烤酱、黑胡椒粉。

4 烤箱150℃预热5分钟，放入烤网，烤10分钟取出，放入圆盘中，撒上备好的迷迭香和百里香即成。

### 养生小讲堂

西葫芦含有一种干扰素的诱生剂，可刺激机体产生干扰素，提高免疫力，发挥抗病毒和抗肿瘤的作用。

# 烤茄子红椒卷

13 min

〈材　料〉茄子250克，红椒200克，百里香少许

〈调　料〉盐3克，黑胡椒粉少许，烧烤酱、橄榄油各适量

**/ 做法 /**

1 茄子洗净，纵向切成薄片。

2 红椒洗净，对半切开，去籽，用刀面轻轻压平，再修成与茄子相同大小的形状；百里香洗净。

3 将茄子片摆放在烤网上，刷上一层橄榄油，撒上适量的盐和黑胡椒粉；将红椒片整齐地放在茄子片上，刷上一层橄榄油和烧烤酱，撒上适量的盐和黑胡椒粉。

4 烤网放入预热为180℃的烤箱中，烤10分钟。

5 取出烤盘，用烧烤夹将茄子红椒卷起来，摆放在盘中，撒上少许百里香即成。

**养生小讲堂**

经常吃茄子有预防高血压、动脉粥样硬化、坏血病及促进伤口愈合等作用。

# 香甜南瓜盅

12 min

〈材 料〉 南瓜1个，红椒圈少许

〈调 料〉 白糖适量，食用油少许

/ 做法 /

1 洗净的南瓜从1/3处横切开，挖出果肉，去除瓜瓤。
2 将南瓜肉切成小块。
3 热锅注入适量食用油烧热，放入南瓜块，翻炒均匀。
4 注入适量清水，盖上锅盖，焖煮8分钟左右。
5 揭开锅盖，加入备好的白糖，搅拌至食材入味。
6 盛入备好的盅中，撒上红椒圈，搅拌均匀即可。

养生小讲堂

南瓜所含的成分能促进胆汁的分泌，可以加强肠胃蠕动，助消化。

# 茄汁蒸娃娃菜

8 min

/ 做法 /

〈材 料〉 娃娃菜300克，红椒丁、青椒丁各5克

〈调 料〉 盐、鸡粉各2克，番茄酱5克，水淀粉10毫升

1 娃娃菜洗净切瓣，装在蒸盘中，摆好备用。
2 备好电蒸锅，烧开后放入蒸盘，盖盖，蒸约5分钟至娃娃菜熟软，取出。
3 炒锅置火上烧热，倒入青椒丁、红椒丁，炒匀，放入番茄酱，炒香。
4 加入鸡粉、盐、水淀粉，调成味汁，浇在蒸盘中即成。

# 胡萝卜炒口蘑

5 min

〈材 料〉 胡萝卜120克，口蘑100克，姜片、蒜末、葱段各少许

〈调 料〉 盐、鸡粉各2克，料酒3毫升，生抽4毫升，水淀粉、食用油各适量

/ 做法 /

1 将洗净的口蘑切片；洗净去皮的胡萝卜切片。

2 锅中注水烧开，放入少许盐、食用油、胡萝卜片，放入切好的口蘑，煮熟后捞出。

3 用油起锅，放入姜片、蒜末、葱段爆香，倒入焯煮过的食材，翻炒几下。

4 再淋入料酒、生抽，炒香、炒透，加入盐、鸡粉、水淀粉，炒匀即成。

# 川味烧萝卜

15 min

〈材 料〉 白萝卜400克，红椒35克，白芝麻4克，干辣椒15克，蒜末、葱段各少许

〈调 料〉 盐、豆瓣酱各2克，生抽、食用油、水淀粉各适量

/ 做法 /

1 洗净去皮的白萝卜切条；洗好的红椒斜切圈。

2 用油起锅，倒入备好的干辣椒、蒜末，爆香，放入白萝卜条，炒匀。

3 加入豆瓣酱、生抽、盐，炒熟，注入清水，煮10分钟。

4 放入红椒圈，炒至断生，用水淀粉勾芡，撒上葱段，炒香盛出，撒上白芝麻即可。

# 莲藕炒秋葵

5 min

〈材 料〉 去皮莲藕250克，去皮胡萝卜150克，秋葵50克，红彩椒10克

〈调 料〉 盐2克，鸡粉1克，食用油5毫升

## / 做法 /

1 洗净的胡萝卜、莲藕、红彩椒、秋葵均切成片。

2 锅中注水烧开，加入油、盐，拌匀，倒入切好的胡萝卜片、莲藕片，拌匀。

3 放入切好的红彩椒片、秋葵片，拌匀，焯煮至食材断生，捞出焯好的食材，沥干水分。

4 用油起锅，倒入焯好的食材，加入盐、鸡粉，炒匀，关火后盛出炒好的菜肴即可。

### 养生小讲堂

胡萝卜含有植物纤维，吸水性强，在肠道中体积容易膨胀，是肠道中的“充盈物质”，可加强肠道蠕动，从而利膈宽肠，通便防癌。

# 糖醋藕片

2 min

〈材 料〉 莲藕350克，葱花少许

〈调 料〉 白糖20克，盐2克，白醋5毫升，西红柿汁10毫升，水淀粉4毫升，白醋5毫升，食用油适量

/ 做法 /

1 将洗净去皮的莲藕切成片；锅中注水烧开，倒入白醋、藕片，焯熟后捞出。

2 用油起锅，注入清水，放入白糖、盐、白醋，拌匀。

3 再加入西红柿汁，拌匀，倒入水淀粉勾芡，放入藕片，拌炒匀盛出，放上葱花即可食用。

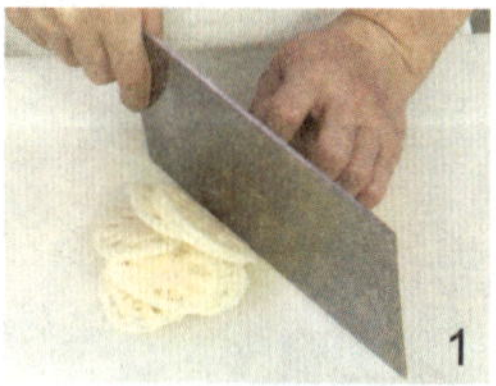

1

2

3

# 西红柿煎土豆

6 min

〈材 料〉 去皮土豆250克，西红柿200克，罗勒叶2片

〈调 料〉 椰子油5毫升，盐2克，白胡椒粉3克

养生小讲堂

土豆含有丰富的纤维素、微量元素、蛋白质等营养成分，可以润肠通便。

/ 做法 /

1 洗净的西红柿切成薄片；洗净的土豆切成厚片；洗净的罗勒叶切碎。

2 热锅注入椰子油烧热，铺上土豆片，煎熟，加入1克盐、罗勒叶，煎黄装盘。

3 另起锅，注入剩下的椰子油，铺上西红柿片，煎片刻，加入剩下的盐、罗勒叶，中间需翻面煎制，盛入盘中。

4 取一盘，沿着盘子边缘一片叠一片交错摆放上煎好的土豆片和西红柿片，最后撒上白胡椒粉即可。

# 双色烤串

10 min

《材 料》 土豆仔200克，圣女果200克，葱花少许

《调 料》 盐4克，烧烤粉5克，食用油适量

## 做法

1 将土豆仔和圣女果均洗净，将洗净的圣女果放到烧烤架上，用中火烤至皮裂。

2 刷上少许食用油，翻面，烤约2分钟，摘去绿枝，撒上适量盐、烧烤粉，烤约1分钟至熟，装入盘中，备用。

3 将洗净的土豆仔放在烧烤架上，用中火烤2分钟至变色。

4 刷上少许食用油，撒上盐，翻面，用中火续烤2分钟至变色，与圣女果依次串起来，放入盘中，撒上葱花即可。

### 养生小讲堂

圣女果富含番茄红素等抗氧化物，能抗衰老，预防心血管疾病，防癌抗癌，防辐射。

# 香煎土豆块

8 min

〈材 料〉 土豆2个，欧芹碎适量

〈调 料〉 盐、食用油、黑胡椒粉、法式奶油酱各适量

**做法**

1 将土豆洗净，对半切开，再切成大块，备用。

2 将土豆块放入碗中，撒入适量的盐、黑胡椒粉，搅拌均匀，腌渍片刻。

3 锅中注油烧热，放入土豆块，煎至土豆块呈金黄色。

4 将土豆块翻面，再煎片刻，装入碗中，撒上欧芹碎，配上法式奶油酱蘸食味道更佳。

**养生小讲堂**

土豆是非常好的高钾低钠食品，很适合水肿型肥胖者食用，具有瘦腿塑身的功效。

# 混合炒蔬菜

5 min

〈材 料〉 胡萝卜250克，彩椒200克，洋葱100克，豌豆100克，百里香碎5克，法香叶、葱花、蒜末各适量

〈调 料〉 盐、胡椒粉、橄榄油各适量

**/ 做法 /**

1 将胡萝卜洗净，切成圆块；洋葱去除外皮切条；彩椒洗净后，去籽切块；豌豆洗净。

2 锅中注入适量清水，大火烧开，倒入切好的食材和豌豆，加入洗好的法香叶，汆烫2分钟捞出。

3 另起锅，倒入适量橄榄油，大火烧热，再倒入葱花、蒜末，炒香。

4 倒入汆烫过的食材，翻炒均匀，加入适量的盐、胡椒粉、百里香碎，拌匀即可。

**养生小讲堂**

胡萝卜含有大量胡萝卜素，有补肝明目的作用，可辅助治疗夜盲症。

老味厨房

# 孜然烤洋葱

15 min

〈材 料〉 洋葱300克

〈调 料〉 孜然粉10克，烧烤粉5克，盐2克，烧烤汁5毫升，食用油10毫升

## / 做法 /

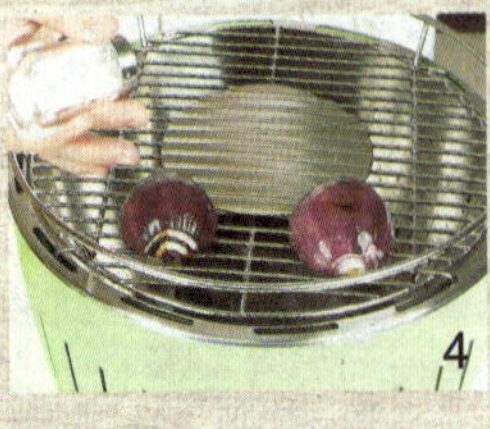


1 将洗净去皮的洋葱对半切开。

2 在烧烤架上刷适量食用油，将洋葱切口朝下放到烧烤架上，用中火烤约5分钟至散出香味。

3 将洋葱翻面，刷上烧烤汁、食用油、孜然粉、盐、烧烤粉，烤约5分钟，至其入味。

4 用烧烤夹将洋葱稍微转一下，烤1分钟，翻面，刷上烧烤汁，撒入盐、孜然粉、烧烤粉，烤约2分钟，去除外面的老皮即可。

### 养生小讲堂

洋葱中含有较多的可降血糖的有机物，能起到较好的降低血糖和利尿的作用。

# 一品山药

20 min

〈材 料〉山药300克，红豆沙馅45克

〈调 料〉食用油少许，蓝莓酱30克，桂花蜜20克

## 做法

1 山药去皮，洗净。
2 将山药对半切开，再切成块，放入烧开的蒸锅，蒸15分钟左右，取出，放入保鲜袋子中，擀成泥。
3 备好心型模具，用刷子刷上一层油，放在盘子上，挤入山药泥至八分满，再放入红豆沙馅抹平。
4 再挤入适量的山药泥，并用勺子抹平，用模具压出数个模型，装盘，最后分别浇上蓝莓酱和桂花蜜即可。

### 养生小讲堂

山药含有大量的黏液蛋白、维生素及微量元素，能有效预防心血管疾病，有益志安神、延年益寿、益气补血的功效。

# 山药炒木耳

8 min

〈材 料〉山药90克，水发木耳40克，西芹50克，彩椒60克，核桃仁30克，白芝麻少许

〈调 料〉盐3克，白糖10克，生抽3毫升，水淀粉4毫升，食用油适量

## / 做法 /

1 洗净去皮的山药切片；洗好的木耳、彩椒均切块；洗好的西芹切块；白芝麻洗净。

2 沸水锅加入盐、食用油、山药片，煮半分钟，加入木耳块、西芹块、彩椒块，煮断生捞出。

3 净核桃仁炸香；锅底留油，放入白糖、核桃仁，炒匀盛出，撒上白芝麻。

4 热锅注油，倒入焯过水的食材，炒匀，加入盐、生抽、白糖，炒匀，加水淀粉勾芡，装盘，放上炒好的核桃仁即可。

养生小讲堂

山药含皂苷、黏液质，有润滑、滋润的作用，可益肺气、养肺阴。

# 金桂飘香

10 min

〈材 料〉 西红柿110克，山药100克，上海青30克，桂花4克

〈调 料〉 水淀粉、食用油各适量，蜂蜜25克

**/ 做法 /**

1 上海青洗净去叶，留菜梗修成花瓣状；洗好的西红柿焯熟捞出；上海青入沸水锅中，加油，焯熟捞出。

2 洗净去皮的山药切片；西红柿去皮剁末，装碗，入烧开的蒸锅中，蒸5分钟，取出，过滤网，加蜂蜜、桂花制成西红柿汁。

3 取蒸盘，放上山药，摆出花形，入烧开的蒸锅蒸至熟透，取出；西红柿汁入锅煮沸，淋入水淀粉，制成味汁；取来山药片，放上上海青，淋上味汁即成。

# 糖醋花菜

5 min

〈材 料〉 花菜350克，红椒35克，蒜末、葱段各少许

〈调 料〉 番茄汁25克，盐3克，白糖4克，料酒4毫升，水淀粉、食用油各适量

养生小讲堂

花菜具有抗癌的功效，被称为“十大绿色蔬菜之一”，具有很好的食疗保健功效。

/ 做法 /

1 将洗净的花菜切块；洗好的红椒去籽，切块。

2 锅中注水烧开，加入盐、花菜块，煮1分30秒，倒入红椒块，再煮约半分钟，捞出。

3 用油起锅，放入蒜末、葱段，爆香，倒入焯煮过的食材、料酒，炒香。

4 注入清水，放入番茄汁、白糖，搅拌匀，加入盐，炒匀，倒入少许水淀粉勾芡即成。

老味厨房

# 干煸有机花菜

4 min

〈材 料〉 有机花菜500克，蒜末、姜末各少许

〈调 料〉 花椒粒4克，生抽10毫升，盐、鸡粉各2克，食用油适量

/ 做法 /

1 将花菜洗净，切成小朵。
2 锅中注入适量清水烧开，倒入花菜朵，焯水至断生，捞出，沥干水分。
3 锅中注入适量食用油，大火烧热，放入花椒粒，炒出麻香味，滤掉花椒，取油待用。
4 锅中注入花椒油烧热，再倒入蒜末、姜末爆香，放入花菜朵，煸炒片刻，倒入适量生抽、盐、鸡粉调味，盛出即可。

\养生小讲堂/

花菜不仅能疏通肠胃，促进胃肠蠕动，还可以降低血压、血脂、胆固醇含量。

# 什锦炒西蓝花

5 min

〈材 料〉 西蓝花250克，胡萝卜100克，香菇80克，山药150克

〈调 料〉 盐3克，鸡粉2克，水淀粉、食用油各适量

**/ 做法 /**

1 洗净的西蓝花切成小朵；胡萝卜洗净去皮，切成块；洗好的山药，切成块；洗好的香菇切块，放入碗中，备用。

2 锅中注水烧开，放入少许食用油、盐、西蓝花朵，焯水后捞出，摆入盘中。

3 锅中再放入胡萝卜块、山药块、香菇块，焯水后捞出。

4 锅中注油烧热，放入焯好水的胡萝卜块、山药块、香菇块，炒匀，再放入盐、鸡粉、水淀粉，炒匀，盛入盘中即可。

**养生小讲堂**

西蓝花含有大量的抗氧化剂，如维生素E等，能有效吞噬导致衰老的自由基，还具有防癌降脂作用。

# 清炒时蔬

5 min

《材 料》 西蓝花100克，胡萝卜30克，荷兰豆50克，芥蓝70克，豌豆20克，蒜末、熟白芝麻各少许

《调 料》 盐、鸡粉各2克，食用油适量

/ 做法 /

1 芥蓝洗净斜刀切片；胡萝卜洗净去皮，切丝；西蓝花洗净切成小朵。

2 锅中注入适量清水，倒入少许盐、食用油及备好的荷兰豆、西蓝花朵、豌豆，焯煮1分钟，再放入胡萝卜丝、芥蓝片，焯煮半分钟，捞出。

3 锅中注油，倒入蒜末爆香，放入焯煮好的食材，翻炒片刻，加入盐、鸡粉炒匀，盛出，撒上白芝麻即可。

# 蒜香四季豆

5 min

〈材 料〉 四季豆250克，大蒜3瓣

〈调 料〉 盐2克，鸡粉2克，芝麻油5毫升，食用油适量

**养生小讲堂**

四季豆中的皂苷类物质能降低机体对脂肪的吸收，促进脂肪代谢，排毒瘦身。

**/ 做法 /**

1 洗净的四季豆切去两端；去皮洗净的大蒜切成薄片。

2 锅中注入适量清水，大火烧开，倒入处理好的四季豆，焯煮2分钟，捞出四季豆，沥干水分。

3 用油起锅，倒入大蒜片，爆香，加入四季豆，炒至熟软。

4 加入盐、鸡粉，炒至入味，出锅前淋入芝麻油拌匀调味即可。

# 荷兰豆炒香菇

3 min

〈材 料〉 荷兰豆120克，鲜香菇60克，葱段少许

〈调 料〉 盐3克，鸡粉2克，料酒5毫升，蚝油6毫升，水淀粉4毫升，食用油适量

## / 做法 /

1

2

3

4

1 洗净的荷兰豆切去头尾；洗好的香菇切粗丝。

2 锅中注水烧开，加入盐、食用油、鸡粉、香菇丝，略煮；再倒入荷兰豆，煮1分钟捞出。

3 用油起锅，倒入葱段，爆香，放入焯过水的荷兰豆、香菇。

4 淋入料酒、蚝油，炒匀，放入鸡粉、盐，炒匀，倒入水淀粉勾芡即可。

### 养生小讲堂

荷兰豆中富含粗纤维，能促进大肠蠕动，保持大便通畅，起到清洁大肠的作用。

# 海苔烧豆腐

8 min

〈材 料〉 北豆腐370克，海苔7克，生粉10克，白芝麻1克

〈调 料〉 生抽3毫升，水淀粉3毫升，白糖3克，食用油适量，芝麻油适量

**/ 做法 /**

1

2

3

4

1 北豆腐切成片。

2 海苔剪成小片；海苔片上放上豆腐，再抹上水，粘紧豆腐，装盘，两面撒上少许生粉。

3 热锅注油烧热，放入海苔豆腐，煎至两面焦黄，盛起，装盘待用。

4 热锅注油，放入生抽、清水、白糖，烧开，放入水淀粉勾芡，淋入食用油、芝麻油拌匀，淋在海苔豆腐上，撒上白芝麻即可。

**养生小讲堂**

豆腐为补益清热养生食品，常食之，可补中益气、清热润燥、生津止渴、清洁肠胃。

# 姜汁芥蓝烧豆腐

10 min

〈材 料〉芥蓝300克，豆腐200克，姜汁40毫升，蒜末、葱花各少许

〈调 料〉盐4克，鸡粉4克，生抽3毫升，老抽2毫升，蚝油8毫升，水淀粉8毫升，食用油适量

/ 做法 /

1 洗净的芥蓝去除多余的叶子，梗切段；洗好的豆腐切小块。
2 锅中注水烧开，倒入姜汁、食用油、盐、鸡粉、芥蓝段，煮片刻捞出。
3 煎锅注油烧热，加入少许盐，放入豆腐块煎香，翻面，煎黄取出。
4 起油锅，爆香蒜末，加水、盐、鸡粉、生抽、老抽、蚝油煮沸，淋入水淀粉勾芡，盛出，浇在豆腐块和芥蓝段上，撒上葱花即成。

## 杭椒鲜笋

5 min

〈材 料〉 杭椒65克，竹笋200克，红椒10克，蒜末、葱花各少许

〈调 料〉 盐5克，鸡粉2克，生抽10毫升，陈醋6毫升，辣椒油、芝麻油、食用油各适量

/ 做法 /

1 洗净的杭椒切成约4厘米长的段；洗净的红椒切粒；洗净的竹笋切段。

2 锅中倒水烧开，加入3克盐和少许食用油，放入杭椒段、竹笋段，煮至断生，捞出。

3 将焯煮好的杭椒段、竹笋段装入碗中，倒入蒜末、葱花、红椒粒。

4 加入适量盐、鸡粉、生抽、陈醋，倒入少许辣椒油、芝麻油，拌至入味即可。

## 草菇扒芥菜

7 min

〈材 料〉 芥菜300克，草菇200克，胡萝卜片30克，蒜片少许

〈调 料〉 盐2克，生抽、芝麻油、食用油各适量

/ 做法 /

1 洗净的草菇切十字花刀，再切开；洗好的芥菜切去菜叶，将菜梗部分切块。

2 沸水锅中倒入草菇，煮熟后捞出；再往锅中放入芥菜、盐、食用油，煮熟后捞出。

3 另起锅注油，爆香蒜片，放入胡萝卜片、生抽，炒匀，注入适量清水，倒入草菇炒香。

4 加入盐、芝麻油，炒匀，盛出，放在芥菜上即可。

# 清拌滑子菇

3 min

1

2

3

4

〈材 料〉 滑子菇150克，香菜叶少许

〈调 料〉 盐、鸡粉各2克，橄榄油适量

## /做法/

1 将滑子菇倒入清水中，洗净；锅中注水烧开，放入滑子菇，拌匀，加入少许盐，搅拌均匀。

2 焯水片刻，捞出，沥干水分，倒入清水中，过凉水，备用。

3 将滑子菇倒入备好的碗中，加入鸡粉、盐拌匀，淋入适量橄榄油，拌匀。

4 最后点缀上洗净的香菜叶即可。

### 养生小讲堂

滑子菇是一种较好的减肥美容食品。它含有的大量膳食纤维，具有防止便秘、促进排毒、预防糖尿病及大肠癌的作用。

# 红酒梨

〈材 料〉 雪梨2个，柠檬片20克，葡萄酒600毫升

〈调 料〉 白糖8克

**做法**

1 将洗净的雪梨去皮，放入凉开水中浸泡，备用。

2 取一个大碗，倒入备好的葡萄酒，加入切好的柠檬片，撒上适量的白糖，搅拌至白糖完全溶化。

3 放入雪梨，浇上红酒汁，将雪梨置于阴凉干燥处，腌渍2小时，至酒味完全浸入雪梨中。

4 另取一个盘，取出雪梨及红酒汁，摆好盘即可食用。

**养生小讲堂**

梨味甘微酸、性凉，入肺、胃经；具有生津、清热、化痰、止咳的作用。

CHAPTER

# 04 吃不腻的素饭面和汤

饭、面、汤在很多人的印象中代表着朴实温馨，

它们是我们饮食生活中不变的主旋律，

但是如何把它玩出新花样呢？

答案是来点素菜，就能品尝清新舒爽好滋味！

# 芦笋黄瓜炒饭

5 min

〈材 料〉 芦笋150克，黄瓜100克，豆角100克，熟米饭1碗，豌豆少许

〈调 料〉 盐3克，鸡粉2克，黑胡椒粉3克，食用油适量

/ 做法 /

1 将芦笋洗净，斜切成小段；豆角洗净，择成小段；黄瓜洗净，切成圆片。

2 锅中注水烧开，放入少许食用油、盐，再放入芦笋段、豆角段、黄瓜片、豌豆，焯熟后捞出。

3 锅中注油烧热，放入米饭，炒至松散。

4 再放入焯水的食材，炒匀，最后放入盐、鸡粉、黑胡椒粉，炒匀即可。

养生小讲堂

经常食用芦笋可消除疲劳，降低血压，改善心血管功能，增进食欲，提高机体代谢能力，提高免疫力。

# 佛手瓜苗炒饭

5 min

〈材 料〉米饭400克，佛手瓜苗150克，蒜末10克

〈调 料〉盐4克，白胡椒粉2克，黄油30克

/ 做法 /

1 将佛手瓜苗洗净，切碎，放入盘中备用。
2 黄油放入平底锅中，小火加热至融化，加入大蒜末和佛手瓜苗，中火炒至断生。
3 将米饭倒入锅中，炒至米饭松散，加盐、白胡椒粉调味，翻炒均匀。
4 将炒好的饭盛出，装入盘中即可食用。

养生小讲堂

大米所含的水溶性食物纤维，可将肠内的胆酸汁排出体外，预防动脉硬化等心血管疾病。

# 鸡油菌烩饭

6 min

〈材 料〉 米饭400克，鸡油菌150克，大蒜末10克，莳萝碎3克，淡奶油150毫升

〈调 料〉 盐4克，白胡椒粉2克，黄油30克

/ 做法 /

1 将鸡油菌用清水洗净，沥干水分，备用。

2 黄油放入锅中，小火加热至融化，加入大蒜末和鸡油菌，中火炒片刻后加入淡奶油。

3 将米饭倒入锅中，翻炒均匀，加盐、白胡椒粉调味，焖1分钟至入味。

4 将烩饭盛出，撒上莳萝碎即可食用。

养生小讲堂

大米能提供丰富的维生素、谷维素、花青素等营养成分，具有护肤的功效，并可补充肌肤缺失的水分，使皮肤充满弹性。

# 藜麦籽蔬菜饭

3 min

〈材 料〉 藜麦籽60克，红椒、黄瓜各适量

〈调 料〉 橄榄油20克，黑胡椒粉、盐、醋各少许

**/ 做法 /**

1 红椒和黄瓜分别用清水洗净，切成小块。

2 藜麦籽洗净，焯熟，沥干水分，装入玻璃碗中。

3 取一小碟，加入橄榄油、黑胡椒粉、盐和醋，拌匀，调成料汁，备用。

4 将料汁淋在藜麦籽上，加入红椒和黄瓜块，拌匀即可。

**养生小讲堂**

黄瓜中的黄瓜酶，有很强的生物活性，能有效地促进机体的新陈代谢。

# 木瓜蔬果蒸饭

47 min

〈材 料〉木瓜700克，水发大米70克，水发黑米70克，胡萝卜丁30克，葡萄干25克，青豆30克

〈调 料〉盐3克，食用油适量

## / 做法 /

1 洗净的木瓜切去一小部分，用刀平行雕刻成一个木瓜盖和盅，挖去内籽及木瓜肉。

2 将木瓜肉切成小块；木瓜盅里倒入备好的黑米、大米、青豆、胡萝卜丁、木瓜块、葡萄干、食用油、盐、适量清水，拌匀。

3 蒸锅中注入适量清水烧开，放入木瓜盅。

4 加盖，大火蒸45分钟至食材熟软，揭盖，关火后取出木瓜盅，打开木瓜盖即可食用。

### 养生小讲堂

木瓜能消除体内的过氧化物等毒素，净化血液，对肝功能障碍及高血脂、高血压病有一定食疗效果。

# 藜麦蔬菜饭

77 min

〈材 料〉 藜麦200克，洋葱50克，西葫芦100克，腌制黄瓜100克，西红柿80克，西芹50克

〈调 料〉 橄榄油10毫升，蜂蜜10克，白醋5毫升，盐3克

/ 做法 /

1 藜麦浸泡1小时后，用水煮15分钟，变透明即可。
2 将西葫芦、腌制黄瓜、西红柿及洋葱分别洗净，切成块状，西芹切段。
3 锅中注入橄榄油烧热，放入切好的食材、藜麦，炒匀炒香。
4 再放入适量的蜂蜜、白醋、盐混匀，炒匀入味即可。

# 蔬菜薏米饭

30 min

〈材 料〉 水发薏米50克，水发大米30克，土豆80克，胡萝卜50克，青豆50克，葱花少许

〈调 料〉 盐少许

**养生小讲堂**

薏米因含有多种维生素和矿物质，有促进新陈代谢和减少胃肠负担的作用。

**/ 做法 /**

1 土豆、胡萝卜均洗净去皮，切成丁。

2 将滤净的水发薏米、水发大米、土豆丁、胡萝卜丁均放入电饭锅中，加入适量清水、盐，煮至食材熟透。

3 再放入洗好的青豆，焖至熟透，撒入葱花，盛入碗中，拌匀食用即可。

# 锅巴浇汁饭

9 min

〈材 料〉 熟米饭1碗，胡萝卜、金针菇、豆芽菜各80克，白萝卜丝50克，熟黑芝麻少许，葱花、姜末各适量

〈调 料〉 盐、鸡精各3克，食用油适量

## / 做法 /

1 胡萝卜洗净去皮，切成丝；金针菇去根洗净，掰开；米饭和黑芝麻拌匀，捏成三个饭团，按成椭圆形。

2 平底锅放油烧热，放入饭团，炸成黄色，放入碗中。

3 锅注油烧热，放入姜末、白萝卜丝、胡萝卜丝、葱花翻炒。

4 加入备好的豆芽菜、金针菇，炒软，加盐、鸡精炒匀，放在饭团上即可。

### 养生小讲堂

胡萝卜含有一些能减低人体血糖的成分，如维生素C等，能降低血糖。

# 香橙南瓜甜粥

46 min

〈材 料〉 水发大米90克，南瓜80克，橙汁800毫升

〈调 料〉 白糖20克

**/ 做法 /**

1 将洗净去皮的南瓜切厚片，装入盘中，待用。

2 锅中注入橙汁，倒入洗好的大米，搅匀。

3 盖上盖，烧开后用小火煮30分钟，至大米熟软。

4 揭盖，倒入南瓜片，拌匀，盖上盖，用小火煮15分钟，至食材熟烂。

5 揭盖，放入适量白糖，用勺搅匀调味即可。

**养生小讲堂**

南瓜中含有的多种矿物质，如钙、钾、磷、镁等，有预防骨质疏松和高血压的作用。

# 鼠尾草南瓜粥

28 min

〈材 料〉 水发大米、南瓜各100克，鼠尾草适量

〈调 料〉 盐3克，白胡椒粉少许，鸡粉少许

**/ 做法 /**

1 将南瓜洗净削皮切成小方块，放入锅中煮熟捞出；将部分南瓜块压碎成泥装碗待用，另留一部分做装饰。

2 将清水注入烧热的锅中，将滤净的水发大米倒入锅中拌匀，加盖煮20~25分钟至熟。

3 揭盖，加入盐、白胡椒粉、南瓜泥、鼠尾草拌匀调味。

4 加入鸡粉调味，煮约3分钟之后盛出，放到碗中，放上鼠尾草装饰即可。

**养生小讲堂**

南瓜中含有丰富的微量元素锌，而锌为人体生长发育的重要物质，还可以促进人体造血功能。

# 糙米红薯粥

40 min

〈材 料〉 糙米30克，红薯30克

〈调 料〉 白糖8克

/ 做法 /

1 糙米泡水备用。

2 红薯去皮洗净，切成小块，放入盘中备用。

3 锅中注水烧开，放入泡发滤净的糙米，煮至米粒熟软，再将红薯块放入锅中。

4 加入少许清水，熬至熟软。

5 最后再加入少许白糖，搅拌均匀即可。

养生小讲堂

糙米对肥胖和有胃肠功能障碍的患者有一定的疗效，能有效调节体内新陈代谢。

# 山药黑芝麻粥

75 min

〈材 料〉 山药30克，粳米60克，黑芝麻120克，绿豆芽适量，熟枸杞适量，牛奶适量

〈调 料〉 冰糖100克

/ 做法 /

1 山药削皮洗净，切细条；绿豆芽洗净，去头；粳米洗净，浸泡1小时；黑芝麻洗净。
2 在果汁机中放入山药条、黑芝麻、粳米，加入清水、牛奶搅拌均匀，打碎。
3 将打好的食材倒入锅内，用小火煮沸。
4 调入冰糖，搅拌成糊，装碗，撒入熟枸杞和绿豆芽即可。

养生小讲堂

黑芝麻含有丰富的维生素E，可抑制体内自由基，能达到抗氧化、延缓衰老的功效。

老味厨房

# 五彩酒窝面

15 min

〈材 料〉 面团90克，去籽红彩椒50克，去籽黄彩椒50克，圆椒50克，水发木耳65克，蒜末、葱段各少许

〈调 料〉 盐、鸡粉各1克，生抽、芝麻油各5毫升，面粉少许，食用油适量

## / 做法 /

1 洗好的黄彩椒切粗条，切丁；洗净的红彩椒切粗条，切丁；洗好的圆椒切粗条，切丁。

2 面团撒上面粉搓匀，压成圆饼面团，擀成面皮，切丁，用筷子戳出小孔制成酒窝面；酒窝面入锅煮熟捞出。

3 用油起锅，爆香蒜末、葱段，倒入圆椒丁、红椒丁、黄椒丁、木耳，将食材炒匀。

4 倒入煮熟的酒窝面，加入生抽、盐、鸡粉，炒匀调味，淋入芝麻油，炒匀，盛出即可。

1

2

3

4

### 养生小讲堂

黑木耳含有多糖、钙、磷、铁、胡萝卜素、B族维生素等成分，具有活血补铁、美颜养肤、润滑肠道、清血解毒等作用。

# 西红柿生菜面

5 min

〈材 料〉 西红柿80克，豆泡40克，生菜80克，面条200克

〈调 料〉 盐2克，鸡粉2克，料酒3毫升，食用油适量

## / 做法 /

1 洗好的豆泡切小块；洗净的西红柿切丁，备用。

2 锅中注入适量清水烧开，放入面条汆煮至断生，加豆泡、生菜，煮2分钟，捞出。

3 热锅注油烧热，放入西红柿，炒软，淋入料酒，加入适量的清水，煮沸。

4 倒入汆好的食材，快速搅拌匀，放入盐、鸡粉，搅匀至入味，盛出装入放有面条的碗中即可。

### 养生小讲堂

西红柿中含有丰富的抗氧化剂。而抗氧化剂可以防止自由基对皮肤的破坏，具有明显的美容抗皱的效果。

# 上海青炒河粉

7 min

〈材 料〉 河粉200克，上海青80克，红椒20克，柠檬汁少许，青柠檬1个

〈调 料〉 盐3克，鸡粉4克，胡椒粉6克，食用油适量

**/ 做法 /**

1 上海青择洗净；红椒洗净，斜切成圈；青柠檬对半切开。

2 河粉泡发滤净，入沸水锅煮约5分钟，捞起过凉水。

3 锅中注油，烧热，放入红椒圈、上海青，炒软，再放入河粉炒至食材混合均匀。

4 加入盐、鸡粉、柠檬汁，撒入少许胡椒粉炒匀，放上切开的青柠檬即可。

**养生小讲堂**

上海青含有大量的植物纤维素，能促进肠道蠕动，预防便秘以及肠道肿瘤。

# 意式黄瓜面

10 min

《材 料》 宽蛋面200克，黄瓜100克，罗勒叶、葱花各少许

《调 料》 橄榄油、盐、胡椒粉各适量

**/ 做法 /**

1 将黄瓜洗净，切成片。
2 取一煮面锅，加入适量清水，用中火煮开后加入盐，放入宽蛋面，边煮边搅拌，待煮开时转小火，续煮约6分钟后取出，沥干水分。
3 往锅中加入适量橄榄油，放入黄瓜片、宽蛋面，拌炒匀。
4 放入盐、胡椒粉、葱花，炒匀，装盘，用洗净的罗勒叶点缀装饰即可。

**养生小讲堂**

黄瓜中含有丰富的维生素$B_1$，对改善大脑和神经系统功能有利，能安神定志，辅助治疗失眠症。

# 圣女果炒意面

5 min

\\ 养生小讲堂 /

圣女果中的番茄红素可保护人体不受香烟和汽车废气中的致癌素影响，可提高人体防癌的能力。

〈材 料〉 圣女果50克，熟意大利面100克

〈调 料〉 盐2克，橄榄油10毫升

**/ 做法 /**

1 将圣女果洗净对半切开待用。

2 将熟意大利面放入沸水锅中焯水，捞出意大利面，放入凉水中浸泡。

3 在烧热的锅中倒入橄榄油，将切开的圣女果放入锅中，加适量盐翻炒片刻。

4 再放入意大利面炒匀盛出即可食用。

# 番茄酱洋葱汤圆

20 min

〈材 料〉 糯米粉250克，洋葱50克，罗勒叶5克

〈调 料〉 橄榄油10毫升，盐5克，番茄酱适量

1

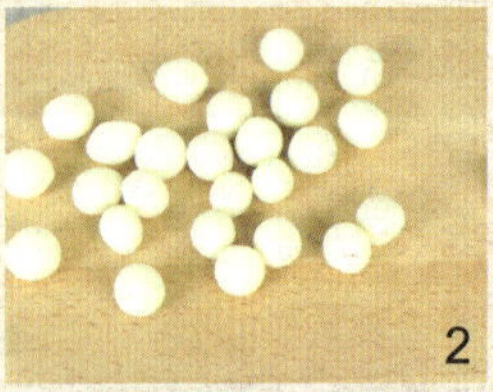
2

3

4

## / 做法 /

1 将洗净的洋葱切圈，罗勒叶洗净切末，待用。

2 将糯米粉倒在案板上，加入适量滚水，搅拌揉搓成面圆，再分为数个小汤圆，下入沸水锅中，煮至汤圆浮起，捞出待用。

3 在烧热的锅中注入橄榄油，将洋葱圈与罗勒叶末放入锅中爆香。

4 加入番茄酱，将煮熟的汤圆倒入锅中，加入适量盐炒匀，放上罗勒叶装饰即可。

### 养生小讲堂

洋葱的辣味能抗寒，抵御流感病毒，有较强的杀菌作用。

# 意大利蔬菜汤

25 min

〈材 料〉 土豆、胡萝卜片各150克，黄彩椒、红彩椒各100克，洋葱、西红柿各50克，四季豆80克，眉豆60克，西芹30克，蔬菜高汤500毫升，新鲜薄荷叶、蒜末各少许

〈调 料〉 番茄酱30克，白胡椒粉5克，白砂糖10克，盐、橄榄油各适量

/ 做法 /

1 土豆洗净去皮切丁；黄彩椒、红彩椒分别洗净，去蒂、籽，切丁；洋葱去膜，洗净，切块；西红柿洗净，切丁；西芹洗净切条，四季豆切段。
2 取锅，倒入橄榄油烧热，下入洋葱块、西芹条、蒜末爆香，倒入土豆丁、胡萝卜片、黄彩椒丁、红彩椒丁、西红柿丁、四季豆段，炒熟。
3 放蔬菜高汤、净眉豆、番茄酱煮熟。
4 调入盐、白胡椒粉、白砂糖，拌匀，煮片刻，盛入碗，撒上净薄荷叶即可。

养生小讲堂

土豆中所含的钾，有利于高血压和肾炎水肿患者的康复。

# 土豆南瓜汤

25 min

〈材 料〉 土豆400克，南瓜150克，香菜叶适量

〈调 料〉 盐少许，黄油适量

**/ 做法 /**

1 土豆洗净去皮，切块；南瓜洗净去皮、去籽，切成片，备用。

2 锅中放入黄油，加热至黄油融化，放入大部分土豆块，炒匀，再加少量清水，煮片刻。

3 将煮过的土豆块和汤水一起倒入备好的榨汁机中打成汁。

4 再将土豆汁倒入锅中，放入剩余的土豆块、南瓜片，煮至熟软，调入少许盐，拌匀盛出，撒上香菜叶即可。

**养生小讲堂**

土豆是一种碱性蔬菜，能中和体内代谢后产生的酸性物质，有利于体内酸碱平衡，有美容、抗衰老的作用。

# 胡萝卜南瓜豆腐汤

5 min

〈材 料〉 去皮南瓜150克，胡萝卜140克，豆腐100克，葱花少许

〈调 料〉 盐、鸡粉各2克，芝麻油、食用油各适量

## / 做法 /

1 去皮南瓜去瓤切成片；洗净的胡萝卜切成片；豆腐洗净切成小块。

2 用油起锅，倒入南瓜片、胡萝卜片，拌炒片刻。

3 倒入适量清水，放入豆腐块，煮5分钟。

4 加入适量盐，倒入备好的鸡粉、芝麻油，拌匀，盛入碗中，撒上葱花即可。

### 养生小讲堂

南瓜中丰富的类胡萝卜素在机体内可转化成具有重要生理功能的维生素A，可以促进骨骼的发育。

# 胡萝卜苹果汤

18 min

〈材 料〉 胡萝卜150克，苹果100克，西红柿250克，酸黄瓜条少许

〈调 料〉 白糖少许

**/ 做法 /**

1 胡萝卜去皮，洗净，切块；苹果洗净，去皮，切小块。
2 西红柿去蒂，洗净后切块，放入榨汁机，榨汁，过滤。
3 将过滤好的西红柿汁倒入锅中，放入胡萝卜块、苹果块，煮15分钟左右。
4 再放入酸黄瓜条，调入少许白糖，拌匀即可。

**\ 养生小讲堂 /**

西红柿性凉味甘酸，有清热生津、养阴凉血的功效，对发热烦渴、牙龈出血有较好的辅助治疗效果。

# 淡豆豉豆腐汤

5 min

〈材 料〉豆腐300克，西洋参8克，黄芪10克，淡豆豉、姜片、葱段各少许

〈调 料〉盐、鸡粉各2克，食用油适量

**/ 做法 /**

1 豆腐洗净，切成块。
2 锅中注油烧热，放入豆腐块，煎至表面微黄，捞出，沥干油，备用。
3 锅底留油，爆香姜片、葱段、淡豆豉，加入清水、豆腐块及备好的黄芪、西洋参。
4 焖2分钟让药材释放出药性，加入少许盐、鸡粉，拌入味即可食用。

**养生小讲堂**

豆腐营养价值与牛奶相近，对乳糖不耐受而不能喝牛乳者，是很好的替代品。

老味厨房

# 西班牙西红柿冻汤

25 min

〈材 料〉 黄瓜100克，西红柿250克，红彩椒、黄彩椒各50克，洋葱20克，大蒜10克，面包块2片

〈调 料〉 黑胡椒粉4克，红酒醋30毫升，盐、橄榄油各适量

**/ 做法 /**

1 面包块放入清水中浸泡片刻，至面包变软；将红彩椒、黄彩椒分别洗净，切开，去籽切丁。

2 西红柿、黄瓜分别洗净，切丁；洋葱洗净，切块；大蒜去皮洗净，拍碎。

3 将面包块中的水分挤掉，与一半的红彩椒丁、黄彩椒丁、西红柿丁、黄瓜丁、洋葱块、大蒜碎混合均匀，静置片刻，放入搅拌机中，倒入红酒醋、橄榄油、盐和黑胡椒粉，搅打匀，冷藏20分钟。

4 炒锅置于火上，注入适量的橄榄油烧热，倒入剩余的食材翻炒熟透，捞出；从冰箱中取出冷汤，放上炒好的食材，淋入适量的橄榄油即可。

**养生小讲堂**

西红柿中的番茄红素具有抑制脂质过氧化的作用，能防止自由基的破坏，具有维护视力的作用。

# 草莓冰糖甜汤

4 min

〈材 料〉 草莓200克

〈调 料〉 冰糖50克

**/ 做法 /**

1 把洗净的草莓用刀切去蒂，切成块。

2 锅置旺火上，倒入1000毫升的清水烧开。

3 放入冰糖，用汤勺搅散，煮至溶化。

4 倒入草莓块，用汤勺拌一会儿，再煮2分钟至入味，盛出做好的草莓冰糖甜汤即可。

**养生小讲堂**

草莓富含鞣酸，在人体内可阻碍消化道对致癌化学物质的吸收，具有防癌作用。

# 豆浆南瓜球

8 min

〈材 料〉 南瓜250克，黑豆200克

〈调 料〉 白糖10克

养生小讲堂

黑豆能够促进胃肠蠕动，使体内胀气与毒素顺利排除，还能改善便秘。

/ 做法 /

1 黑豆洗净，泡发，放入搅拌机中加清水搅打，再倒入锅中煮沸，滤取汤汁，即成黑豆浆。

2 南瓜削皮，洗净，去瓤后用挖球器挖成圆球，放入沸水中煮熟，捞起，沥干水分。

3 将南瓜球、黑豆浆装入杯中，放入白糖搅匀即可。

CHAPTER

# 05 中西风味小吃点心

其实，素食特别适合简单快乐的生活。

不管中式还是西式，餐后来一点简单精致的小小素点，

不仅可以让你获得味觉享受，

更可以让饭后时光更加美好！

# 生煎白菜饺

《材 料》大白菜60克，胡萝卜110克，香菇70克，面粉165克，白芝麻2克，姜块8克，香菜碎少许

《调 料》盐3克，蘑菇精3克，蚝油6毫升，橄榄油适量

## / 做法 /

1 碗中放入面粉、适量清水，和成面团，封上保鲜膜，醒20分钟；洗净的白菜切碎，加盐腌渍；洗净的胡萝卜、香菇、去皮的姜块切粒；腌渍好的白菜沥干水分；白芝麻洗净。

2 热锅注入适量橄榄油，爆香姜粒，再放入胡萝卜粒、香菇粒、盐、蘑菇精、蚝油，炒入味盛出，放入白菜碎，拌匀成馅料。

3 将面团取出，搓成条，切成小剂子，撒上面粉，按压成饼状，擀成面皮，放入馅料，包成饺子。

4 锅中注油烧热，放入饺子、适量清水，盖上盖子，煎6分钟，撒入白芝麻，再焖2分钟，放入盘中，放入香菜碎即可。

### 养生小讲堂

面粉含淀粉、蛋白质、脂肪、卵磷脂、磷、铁等营养素，以及多种酶和维生素，能够增强人体免疫力。

# 豆角素饺

10 min

《材 料》 澄面300克，生粉60克，豆角150克，橄榄菜30克，胡萝卜120克，葱花少许

《调 料》 盐2克，鸡粉2克，水淀粉8毫升

1

2

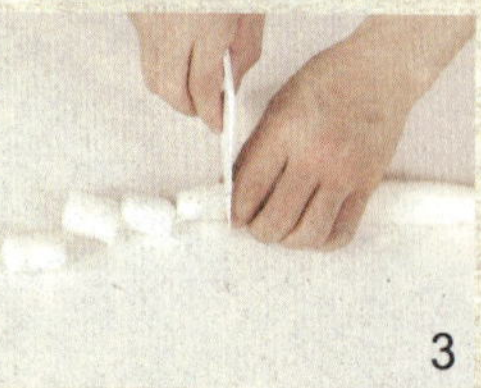

3

4

## / 做法 /

1 豆角洗净切粒；洗净去皮的胡萝卜切粒；沸水锅中倒入胡萝卜粒和豆角粒，煮约1分钟捞出。

2 起油锅，倒入胡萝卜粒和豆角粒，炒匀，放盐、鸡粉，加入橄榄菜、清水、水淀粉，炒制成馅料，盛出。

3 澄面和生粉装碗，倒入开水，搅拌，烫面，倒在案台上，搓成光滑的面团；取面团搓长条，切成剂子，再擀成饺子皮。

4 取馅料放在饺子皮上，包成饺子，放入锅中，煮熟盛出，撒上葱花即可。

### 养生小讲堂

豆角所含的B族维生素能维持正常的消化腺分泌和胃肠道蠕动的功能，抑制胆碱酶活性，可帮助消化，增进食欲。

# 网纹炸春卷

15 min

〈材 料〉 春卷皮5张，网文米纸5张，糯米180克，胡萝卜80克，香菇80克，面粉、葱段各少许

〈调 料〉 盐6克，鸡粉5克，食用油适量

/ 做法 /

1 将糯米入水浸泡滤净，蒸熟；胡萝卜洗净去皮，切成丁；香菇洗净，切碎，备用。

2 油锅烧热，放入胡萝卜丁、香菇碎，加盐、鸡粉，炒至八成熟，放入糯米、葱段，炒匀。

3 用春卷皮包入炒好的糯米馅料，两边对折，再卷成圆桶状，收口处抹上面粉，包紧。

4 春卷包上网纹米纸，裹上少许面粉。

5 锅中注油烧热，放入春卷生坯，炸至金黄，捞出，沥干油分，放入盘中即可食用。

养生小讲堂

糯米性甘平，能温暖脾胃，补中益气，对脾胃虚寒、食欲不佳、腹胀腹泻有缓解作用。

# 双色抹茶糕

20 min

**〈材 料〉** 黏米粉300克，澄面75克，面种150克，泡打粉15克，抹茶粉20克

**〈调 料〉** 白糖300克

## / 做法 /

1 面种中加入白糖、适量清水，搅匀，再加入澄面、黏米粉，搅匀成纯滑的面浆，封上保鲜膜发酵。

2 撕去保鲜膜，加入泡打粉，搅匀。

3 面浆过筛，分成两份，其中一份放入抹茶粉，拌匀。

4 把白色面浆倒入垫有保鲜膜的模具里，装约四分满，放入烧开的蒸锅，大火蒸5分钟，再倒入抹茶面浆，盖上盖，继续蒸8分钟至熟，取出，脱模，切成小块即可。

### 养生小讲堂

抹茶的纤维素是菠菜的52.8倍，是芹菜的28.4倍，具有消食解腻、减肥健美、控油抑痘的作用。

# 糙米胡萝卜糕

35 min

**/ 做法 /**

〈材 料〉 去皮胡萝卜250克，水发糙米300克，糯米粉20克

1 洗净的胡萝卜切细条。

2 取一碗，倒入胡萝卜条、滤净的糙米、糯米粉、适量清水，拌匀，盛入备好的碗中，备用。

3 蒸锅注水烧开，放入上述拌匀的食材，蒸30分钟至熟透，取出，切成三角形即可。

1

2

3

# 玉米发糕

25 min

〈材 料〉 面粉100克，玉米粉120克，玉米粒90克，酵母、泡打粉各适量

〈调 料〉 白糖、食用油各适量

养生小讲堂

中医认为，玉米有开胃益智、宁心活血、调理中气等功效。

/ 做法 /

1 取一大碗，倒入面粉、玉米粉，放入玉米粒。
2 撒上白糖，加入酵母、泡打粉，拌匀，分次注入适量清水，和匀压平，用保鲜膜封住，静置至两倍大，去除保鲜膜。
3 取一蒸盘，刷上底油，放入发酵好的面团，铺平，做好造型。
4 备好电蒸锅 ，烧开后放入蒸盘，蒸约20分钟，取出，分成小块即可。

# 嫩南瓜豆腐饼

5 min

《材 料》 嫩南瓜100克，面粉100克，豆腐90克

《调 料》 盐1克，葡萄籽油10毫升

## / 做法 /

1 洗净的嫩南瓜去皮，切碎。

2 洗好的豆腐装碗，用筷子夹碎，倒入切碎的嫩南瓜，放入面粉，边倒入少许清水边不停地搅拌，拌匀食材，加入盐，搅匀成饼糊。

3 热锅中倒入葡萄籽油，取适量饼糊放入锅中，煎约1分钟至饼糊底部发黄。

4 翻面，煎约30秒至双面焦黄，将煎好的嫩南瓜豆腐饼装盘即可。

1

2

3

4

### 养生小讲堂

豆腐中含有的皂苷，能清除体内自由基，具有显著的抗癌活性，可以抑制肿瘤细胞的生长。

# 葱香米煎饼

8 min

〈材 料〉 熟米饭250克，葱花适量，面粉少许

〈调 料〉 盐少许，食用油适量

**/ 做法 /**

1 熟米饭放入碗中，再放入少许面粉、葱花、清水，搅拌均匀。

2 调入少许盐，拌匀，制成两个米饼。

3 锅中注油烧热，放入米饼，煎至底面焦黄。

4 将米饼翻面，继续煎2分钟，至米饼表面呈焦黄色，盛入盘中即可。

**养生小讲堂**

大米有益于婴儿的生长发育，还能刺激胃液的分泌，有助于消化，并对脂肪的吸收有促进作用。

# 小米素丸

12 min

〈材 料〉 欧芹叶20克，泡发小米100克，面粉200克

〈调 料〉 橄榄油适量，盐少许，黑胡椒粉适量

## /做法/

1 欧芹叶清洗干净，沥干水分，用刀切成碎末状。

2 面粉开窝，倒入适量的清水，加入少许的橄榄油和盐，揉搓至软。

3 将面团摘成若干个小剂子，搓成圆球，裹上适量滤净的小米和欧芹叶，撒上适量的黑胡椒，备用。

4 锅中倒入适量的橄榄油，烧至三成热时，下入面团球，中火炸至金黄色，捞出，沥干油即可食用。

### 养生小讲堂

小米因富含维生素$B_1$、维生素$B_{12}$等，具有防止消化不良及口角生疮的功效。

# 椰丝绿茶汤圆

25 min

1

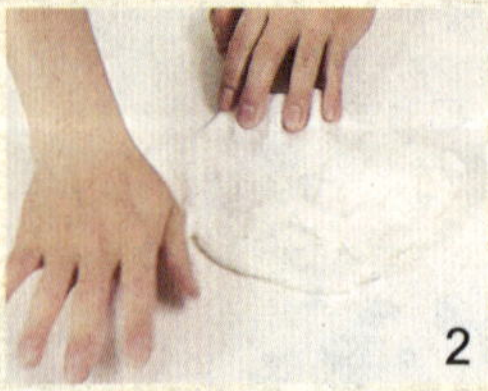
2

3

4

〈材 料〉 水磨糯米粉500克，小麦澄粉150克，开水150毫升，绿茶水、椰丝各适量

〈调 料〉 细砂糖50克，食用油适量

/ 做法 /

1 小麦澄粉中分次倒入开水，拌匀，揉成糊状，倒入细砂糖，揉匀。

2 加入一半水磨糯米粉，揉搓片刻，倒入食用油，揉匀至成形。

3 取适量大小的面团，将绿茶水分3次倒入面团中，揉搓成纯滑的面团。

4 再搓成长条状，再分成约10克一个的面团，用手揉圆，放入沸水锅，煮至浮起，捞出，沥干水分，再滚上椰丝即可。

养生小讲堂

糯米有收涩作用，对尿频、盗汗有较好的食疗效果。糯米还富含B族维生素，具有美容养颜的功效。

# 蜂蜜凉粽子

92 min

〈材 料〉 糯米500克，粽叶数张

〈调 料〉 蜂蜜适量

/ 做法 /

1 糯米淘洗干净，放入备好的碗中，注入适量清水，泡发好，在浸泡过程中要换水4~5次，倒入簸箕中，沥干水分。
2 将粽叶洗净，用剪刀修剪好形状。
3 将修剪好的粽叶洗净对叠成漏斗状，加入糯米，铺满。
4 将粽叶折起，包裹严实，依照两边粽叶的方向包成三角形或四角粽子，用绳子扎好。
5 热锅注水煮开，放入粽子，煮约1.5小时。
6 捞出煮好的粽子，放凉，撒上蜂蜜即可食用。

养生小讲堂

蜂蜜中含有果糖、葡萄糖、酶、蛋白质、维生素及多种矿物质，能提高人体免疫力。

# 夹心紫薯球

15 min

〈材 料〉 熟紫薯600克，糯米粉260克，澄面200克，芝麻馅90克，熟白芝麻适量

〈调 料〉 白糖100克，食用油适量

**/ 做法 /**

1 把紫薯倒入碗中，加入白糖，搅匀，加入澄面、糯米粉，搅匀。

2 把紫薯糊倒在案台上，加入食用油，混合均匀，揉搓成紫薯面团。

3 取适量紫薯面团，搓成长条状，用刮板切成数个大小均等的剂子，捏成半球面状，放入适量芝麻馅，收口，捏紧，搓成小球状，制成面球生坯，再滚上熟白芝麻。

4 蒸锅注水烧开，放入紫薯果生坯，蒸约10分钟至熟透，装入备好的盘中即可食用。

**养生小讲堂**

紫薯含有蛋白质、果胶、纤维素、氨基酸、维生素及多种矿物质，具有防癌抗癌、美容瘦身等作用。

# 煎夹沙香蕉

2 min

〈材 料〉 香蕉2根，豆沙100克，生粉30克

〈调 料〉 食用油适量

## / 做法 /

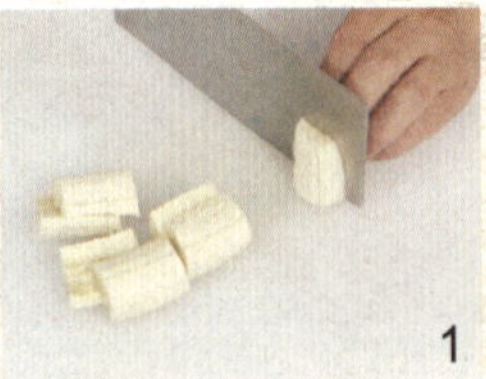
1

2

3

4

1 香蕉去皮，切小段，修整头尾成圆柱体，对半切开，待用。

2 取适量豆沙抹在一块切好的香蕉上，放上另一块香蕉，制成夹心状。

3 取大盘之类的容器，倒入生粉，放入夹心香蕉生坯，裹匀，装盘。

4 热锅中注入足量油，烧至五成热，放入裹上生粉的夹心香蕉，油炸1分钟至外表金黄酥脆，捞出摆盘即可。

### 养生小讲堂

香蕉含糖类、胡萝卜素、维生素C、钙、钾、磷、镁等营养成分，具有保护视力、改善情绪、润肠通便等作用。

# 菠菜椰浆球

20 min

〈材 料〉 大米碎100克，菠菜100克，椰浆70克

〈调 料〉 橄榄油15毫升，盐5克

/ 做法 /

1 将大米碎蒸熟，备用。
2 锅中注水烧开，加入适量橄榄油和盐，放入洗净切段的菠菜，焯煮至菠菜断生，捞出，沥干水分，备用。
3 另起一锅，放入椰浆、橄榄油和盐，混合均匀，加入蒸好的大米碎，拌匀，取出。
4 米团中放入焯熟的菠菜段，按自己喜爱的大小，揉搓成小小的球状即可。

# 炸薯条

13 min

〈材 料〉 土豆150克

〈调 料〉 盐5克，番茄酱50克，食用油适量

养生小讲堂

土豆中含有的抗菌成分，有助于预防胃溃疡。

/ 做法 /

1 将土豆洗净，去皮，再切成细细的长条，备用。

2 取适量的清水，加入少许盐，放入切好的土豆条浸泡一会儿。

3 锅中注水烧热，下入土豆条，煮约7分钟，至熟，捞出晾至表面无水分。

4 锅中注油，烧热，放入土豆条，小火炸3分钟，捞出后复炸1分钟，起锅，趁热撒上盐，蘸番茄酱即可。

# 炸洋葱圈

15 min

〈材 料〉 洋葱1个， 玉米生粉50克，面包屑150克

〈调 料〉 盐5克，黑胡椒粉3克，植物油、法香碎各适量

/ 做法 /

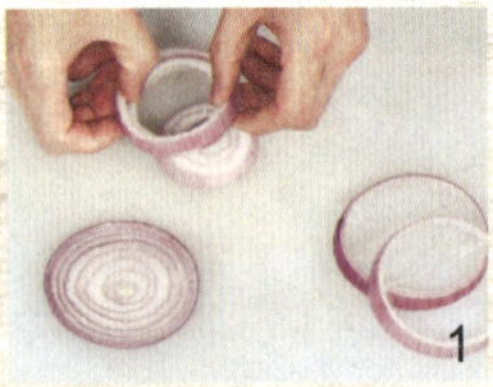

1 将洋葱洗净沥干，剥去外皮，切去根部，再切成圆片，并将其分成一个一个的洋葱圈（洋葱圈之间会有一层薄薄的膜，也要去掉），放入少许盐和黑胡椒粉，搅匀后腌渍10分钟。

2 将腌好的洋葱圈先裹上一层玉米生粉，并抖掉多余的生粉，再裹上面包屑，轻轻压实备用。

3 将植物油倒入锅中，中火烧至六七成热时，放入洋葱圈。

4 转小火炸至金黄，捞出，沥去多余的油，装入盘中，撒入适量的法香碎即成。

养生小讲堂

洋葱能帮助细胞更好地分解葡萄糖，同时降低血糖，供给脑细胞热能，是糖尿病、神志萎顿患者的食疗佳蔬。

# 脆皮水果巧克力

20 min

/ 做法 /

〈材 料〉 圣女果80克，香蕉150克，可可粉25克

〈调 料〉 椰子油40毫升，蜂蜜25克

1 香蕉去皮，切厚片；圣女果去蒂洗净。
2 用牙签串上香蕉片、圣女果，摆放盘中，放入冰箱冷冻至表面挂霜。
3 碗中倒入可可粉、椰子油拌匀，倒入蜂蜜，再次拌匀，制成脆皮酱。
4 取出水果盘，将香蕉和圣女果表面裹上一层脆皮酱，待脆皮酱凝固成形后装盘即可。

## 香草草莓生巧克力 245 min

〈材 料〉香草粉10克，草莓粉25克，豆浆粉35克

〈调 料〉椰子油适量，蜂蜜30克

**/ 做法 /**

1 往备好的碗中倒入豆浆粉、香草粉、适量的椰子油，拌匀。
2 注入适量的凉开水，倒入蜂蜜，搅拌至浓稠，用保鲜膜盖上封严，放入冰箱冷藏5分钟。
3 撕开保鲜膜，将其倒入备好的模具中，再次放入冰箱冷藏4个小时。
4 取出模具，放上草莓粉即可。

## 抹茶生巧克力 1 day

〈材 料〉椰子油100毫升，豆浆粉25克，抹茶粉15克

〈调 料〉蜂蜜55克

**/ 做法 /**

1 碗中倒入椰子油、.部分抹茶粉、豆浆粉、蜂蜜，拌匀。
2 食材包上保鲜膜，放入冰箱冷藏5分钟。
3 取出食材，撕开保鲜膜，盛入花型模具中，放入冰箱中冷冻12个小时。
4 将冷冻好的食材取出，脱模，裹上适量的抹茶粉，放入杯中即可。

老味厨房

# 午餐三明治

5 min

〈材 料〉 方片面包100克，西红柿100克，黄瓜150克，欧芹适量

〈调 料〉 糖粉适量

1

2

3

4

/ 做法 /

1 西红柿横切成圆片；黄瓜洗净，切成圆片；欧芹叶洗净。

2 方片面包修齐四边，放入预热至180℃的烤箱中烤约2分钟后取出。

3 案板上放上一片方片面包，在上面依次放上欧芹叶、黄瓜片、西红柿片，再盖上另一片面包片。

4 将码好的面包片对角切成两个三角形，最后再撒上过筛的糖粉即可。

养生小讲堂

经常发生牙龈出血或皮下出血的患者，吃西红柿有助于改善症状。

# 红酒酱面包

8 min

〈材 料〉 吐司面包1片，圣女果200克，红酒适量

〈调 料〉 白糖50克

/ 做法 /

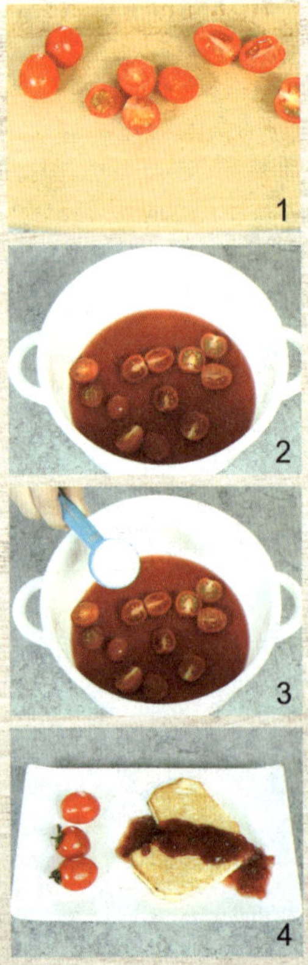

1 将圣女果洗净，对半切开；吐司面包片放入预热至180℃的烤箱中，烤约2分钟后取出。

2 锅中放入适量的红酒烧热，再放入圣女果，搅拌均匀。

3 加入备好的白糖，煮至圣女果软烂，汤汁浓稠，即成红酒酱。

4 将烤好的吐司面包修成心型，将红酒酱淋在吐司面包上即可食用。

养生小讲堂

圣女果中的番茄红素，能抵抗衰老，增强免疫力，减少疾病的发生，强健体质。

# 意式西红柿面包塔

5 min

〈材 料〉 面包100克，西红柿100克，罗勒叶20克

〈调 料〉 橄榄油20毫升，盐4克，黑胡椒碎4克

/ 做法 /

1 西红柿洗净，切成小丁；罗勒叶洗净，切碎；面包斜切成1厘米左右厚的片，待用。

2 将西红柿丁、罗勒叶碎、盐、黑胡椒碎和橄榄油放入碗中拌匀成酱汁。

3 面包片放入预热至180℃的烤箱中，烤约2分钟后取出。

4 将烤好的面包片放入盘中，再将西红柿酱汁放在每个面包片上即可。

养生小讲堂

西红柿中的柠檬酸、苹果酸和糖类均可促进消化，对肾炎患者有利尿作用。

CHAPTER

# 06 常备腌渍小素菜

对素食的概念还停留在清淡味寡上?

腌渍小素菜将使你颠覆这一观点。

空闲的时候，顺手做一些腌渍小素菜，

需要的时候，随取随食，方便快捷!

# 白泡菜

1 day

〈材 料〉 白菜250克，梨子80克，苹果70克，熟土豆片80克，胡萝卜75克

〈调 料〉 盐适量

## / 做法 /

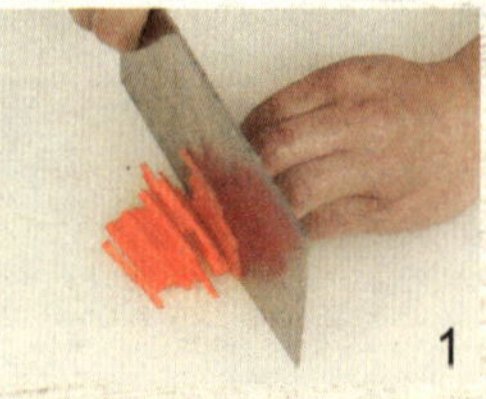
1

2

3

4

1 洗净去皮的胡萝卜切丝；洗净去皮的苹果、梨子均去核切丝；取一个碗，倒入洗净的白菜、盐，拌匀腌渍20分钟。

2 备好榨汁机，倒入土豆片、适量凉开水，盖上盖，将食材打碎，倒入碗中。

3 将腌渍好的白菜捞出，横刀切成片；把梨丝、胡萝卜丝、苹果丝拌匀，放入适量的盐，充分搅拌匀。

4 取适量的食材放入白菜叶，将白菜片卷起，将剩余的食材逐一制成白菜卷，放入碗中，用保鲜膜封好，腌渍12小时即可。

### 养生小讲堂

秋冬季节空气特别干燥，白菜中含有丰富的维生素C、维生素E，多吃白菜，可以起到很好的护肤和养颜效果。

# 韩式白菜泡菜

1 day

〈材 料〉大白菜250克，红椒圈、红椒末各20克，蒜梗末10克，姜末15克，辣椒粉、辣椒面各10克

〈调 料〉盐15克，味精15克，白糖10克，粗盐20克

/ 做法 /

1 将洗净的大白菜切成四等分长条；将姜末、红椒末、蒜梗末拌匀。
2 沸水锅倒入白菜条，煮软捞出，加粗盐腌渍。
3 锅中注水烧开，放入辣椒面、拌匀的配料、辣椒粉、盐、白糖、味精，拌匀制成泡汁。
4 大白菜条洗净，加红椒圈和泡汁拌匀，在碗中腌渍1天，盛出即可。

# 酸白菜

12 min

〈材 料〉 去皮白萝卜110克，小白菜100克，干辣椒25克，姜丝少许

〈调 料〉 盐、白糖各8克，白醋5毫升

**/ 做法 /**

1 白萝卜切丝；洗净的小白菜切段。
2 备好的碗中倒入白萝卜丝、小白菜段、姜丝、干辣椒。
3 撒上盐、白糖，淋上白醋，充分拌匀。
4 用保鲜膜包好，腌渍10分钟，将腌渍好的食材装盘即可。

# 酱油渍秋葵

25 min

〈材 料〉 秋葵250克，姜丝少许

〈调 料〉 盐2克，老抽适量

**/ 做法 /**

1 秋葵洗净，去除蒂部。
2 锅中注水烧开，放入秋葵，煮至断生，捞出。
3 碗中放入秋葵、姜丝、盐、老抽，拌匀，封上保鲜膜，静置20分钟。
4 将腌渍好的秋葵装入盘中即可。

# 泡西芹 13 min

**〈材 料〉** 西芹500克，姜末10克，彩椒1个

**〈调 料〉** 盐4克，味精1克，白醋20毫升，食用油适量

**/ 做法 /**

1 西芹洗净，切菱形段；彩椒洗净，切菱形片，备用。

2 热锅注水，调入油、盐，煮沸后放入西芹，焯熟捞出。

3 将焯好的西芹段放入碗中，调入彩椒片、姜末、盐、白醋、味精拌匀，腌10分钟即可食用。

1

2

3

# 萝卜泡菜

5 days

〈材 料〉 白萝卜500克，干红椒5克，青椒、红椒各1个，大蒜20克

〈调 料〉 盐4克，陈醋15毫升

养生小讲堂

白萝卜中的B族维生素和钾、镁等矿物质可促进肠胃蠕动，帮助减肥。

/ 做法 /

1 白萝卜洗净切块；大蒜去皮洗净；青椒、红椒分别洗净切段。
2 将白萝卜块抹上盐，腌约5分钟。
3 将白萝卜块、备好的干红椒、大蒜及青椒、红椒倒入钵内，放入陈醋，倒入清水，密封好腌5天，即可取出食用。

# 风味萝卜

2 days

〈材 料〉 白萝卜270克，泡椒30克，蒜末少许，红椒适量

〈调 料〉 盐9克，鸡粉2克，白糖2克，生抽4毫升，陈醋6毫升，料酒少许

## / 做法 /

1 洗净去皮的白萝卜切滚刀块；泡椒切成细丝；洗净的红椒切成圈。

2 取一碗，倒入白萝卜块、盐，腌渍1小时，取出后洗去多余的盐分。

3 倒入蒜末、泡椒丝，加入盐、鸡粉、白糖、生抽、陈醋，搅匀。

4 取一罐，放入拌好的食材，加入料酒、纯净水，盖好盖，置于阴凉干燥处腌渍约2天，取出，放上红椒圈即可。

1

2

3

4

### 养生小讲堂

白萝卜所含热量较少，纤维素较多，吃后易产生饱胀感，这些都有助于减肥。

# 人参小泡菜

3 days

**/ 做法 /**

〈材　料〉 大白菜500克，胡萝卜200克，白萝卜600克，黄瓜200克，芹菜70克，葱条40克，蒜末50克，人参须10克

〈调　料〉 盐适量

1 洗净的芹菜切成段；洗好的葱条切段；洗净的黄瓜切片；洗净去皮的白萝卜切成片；洗净的胡萝卜切成片；洗好的大白菜切块。

2 沸水锅放入人参须，煮约20分钟后放凉。

3 将切好的大白菜、胡萝卜、白萝卜、黄瓜片装入碗中，放入适量盐，腌渍约15分钟，装入玻璃罐中，再放入葱段、芹菜段、盐、蒜末、人参汁，盖好玻璃罐，置于阴凉干燥处泡制约3天即可。

1

2

3

# 酱香子姜

3 min

**/ 做法 /**

1 洗净的子姜修整齐，切粗条。
2 热锅注油，倒入豆瓣酱，稍炒一下。
3 注入适量清水，加入鸡粉、白糖、盐，搅拌均匀，倒入葱花，搅匀，制成调味汁。
4 取一空碟，倒入切好的子姜，淋上调味汁即可。

〈材 料〉 子姜100克，豆瓣酱20克，葱花少许

〈调 料〉 盐、鸡粉、白糖各1克，食用油适量

**养生小讲堂**

这道酱香子姜做法简单、咸香可口，很适合用来改善食欲不振的症状。

# 四川泡菜

1 day

〈材 料〉 白萝卜150克，泡椒汁150毫升，胡萝卜80克，豇豆150克，红椒圈、青椒圈各20克，泡椒碎30克，大蒜5克，八角1个

〈调 料〉 盐15克，白糖少许

## / 做法 /

1 将去皮洗净的胡萝卜、白萝卜均切成厚片，再切条，改切成段；豇豆洗净，切段；大蒜洗净。

2 锅中加适量清水烧热，倒入胡萝卜段和白萝卜段，焯约1分钟至熟，捞出，装入碗中。

3 再倒入豇豆段，煮至断生，捞出，装入碗中，放入少许盐，腌渍片刻。

4 另取一碗，放入白萝卜片、胡萝卜片、豇豆段、大蒜、泡椒碎和泡椒汁、八角、约200毫升的温水、适量盐、白糖、红椒圈、青椒圈，搅拌匀，连汤汁一起盛入玻璃罐中，压紧压实，加盖密封，置于阴凉处浸泡1天（适合温度18℃~23℃）即可。

1

2

3

4

### 养生小讲堂

白萝卜被称为“自然消化剂”，根茎部分含有淀粉酶及各种消化酵素，能分解食物中的淀粉和脂肪，促进食物消化，抑制胃酸过多。

# 自制酱黄瓜

1 day

〈材 料〉小黄瓜200克，姜片、蒜瓣、八角各少许

〈调 料〉酱油400毫升，红糖10克，白糖2克，老抽5毫升，盐5克，料酒适量

## / 做法 /

1 在洗净的小黄瓜上打上灯笼花刀；将黄瓜装入碗中，加入盐，抹匀，腌渍1天。

2 热锅注油烧热，倒入姜片及洗好的蒜瓣、八角，爆香，倒入备好的酱油，淋入料酒。

3 再加入红糖、白糖、老抽，炒匀，制成酱汁，盛出放凉。

4 将放凉的酱汁倒入黄瓜碗内，将黄瓜浸泡片刻即可食用。

**养生小讲堂**

黄瓜中的纤维素对促进人体肠道内腐败物质的排除和降低胆固醇有一定作用。

# 柠檬黄瓜条

30 min

〈材 料〉 嫩黄瓜1条，蒜末10克，红椒丝少许，柠檬1个，胡萝卜片适量

〈调 料〉 盐5克，白糖9克，柠檬汁少许

/ 做法 /

1 洗净的黄瓜切成小段，再对半切开，切成条；1个柠檬切圆片，再对半切开；胡萝卜切菱形片，备用。

2 在装有黄瓜条的碗中，放入盐、柠檬片、白糖、柠檬汁，搅拌均匀，腌渍5分钟。

3 锅注油烧热，加入蒜末、红椒丝、胡萝卜片，炒匀，倒入装有黄瓜条的碗中，拌匀。

4 倒入备好的盘中，静置20分钟，摆盘即可。

养生小讲堂

黄瓜中所含的丙氨酸、精氨酸和谷胺酰胺对肝脏病人，特别是对酒精性肝硬化患者有一定辅助治疗作用。

# 黄墩湖辣豆

1 day

《材 料》 水发黄豆500克，剁椒30克，白酒、蒜末各适量

《调 料》 盐少许

/ 做法 /

1 锅中注水，用大火烧开，放入滤净的水发黄豆，煮熟后捞出。

2 将煮好的黄豆放入碗中，淋上少许白酒，封上保鲜膜，静置片刻。

3 撕开保鲜膜，放入剁椒、蒜末、盐，拌匀，再连汁水一起转入玻璃罐中，盖紧瓶盖，密封保存1天，即可食用。

1

2

3

# 黄豆芽泡菜 1 day

**/ 做法 /**

〈材 料〉 黄豆芽100克，大蒜25克，韭菜50克，葱条15克，朝天椒15克，白酒50毫升

〈调 料〉 盐、白糖、白醋各适量

**养生小讲堂**

黄豆芽的蛋白质利用率较高，黄豆芽还有滋润清热、利尿解毒的作用。

1 葱条洗净，切成段；朝天椒洗净，拍破；韭菜洗净切段；大蒜洗净拍破。
2 黄豆芽装入碗中，加入盐拌匀，再用清水洗干净。
3 在玻璃罐中倒入白酒、温水、盐、白糖、白醋，拌匀，放入朝天椒、大蒜、黄豆芽、韭菜段、葱段。
4 加盖密封，置于16℃～18℃的室温下泡制一天一夜，夹入盘内即可。

# 酱花生米

24 min

〈材 料〉去皮花生米180克，罗勒叶少许

〈调 料〉甜面酱15克，八角、桂皮、花椒各少许，盐2克，生抽、食用油各适量

**/ 做法 /**

1 用油起锅，倒入备好的八角、桂皮、花椒，炒匀。

2 加入生抽，炒匀，注入适量清水，倒入甜面酱、去皮花生米，大火煮沸，加入少许盐。

3 加盖，中火煮约20分钟至食材熟透。

4 揭盖，转大火收汁，关火后盛出煮好的菜肴，装入碗中，放上罗勒叶即可食用。

**养生小讲堂**

花生富含的叶酸、膳食纤维、精氨酸等，都能对心脏起到保护作用。